Zhongxin Chengshi Chuzuqiche Fazhan Qushi yu Duice Tantao

中心城市出租汽车发展趋势与对策探讨

钟朝晖　安　晶　编著

人民交通出版社股份有限公司
China Communications Press Co.,Ltd.

内 容 提 要

本书在"互联网+"及我国政府推进国家治理体系与治理能力现代化等战略背景下，开展了发达国家城市出租汽车行业发展规律研究，分析了我国中心城市出租汽车发展阶段特点、存在的问题及面临的挑战与机遇，在大量的历史和现状数据分析的支撑下，采用系统分析方法，深入研判了我国中心城市出租汽车行业的中长期发展趋势，从服务功能、基本经济属性和市场特征三个维度提出了出租汽车的行业定位，从核心管理目标、行业管理目标和社会管理目标三个角度确立了出租汽车管理目标；基于城市出租汽车未来市场细分模型探讨了"互联网+"背景下城市出租汽车的治理方式，提出了促进中心城市出租汽车行业可持续发展的政策措施建议。

本书旨在为政府部门制定出租汽车行业发展政策措施提供参考，也可供相关企业、科研单位借鉴和参考。

图书在版编目(CIP)数据

中心城市出租汽车发展趋势与对策探讨/钟朝晖，安晶编著.—北京：人民交通出版社股份有限公司，2016.5

ISBN 978-7-114-12727-4

Ⅰ.①中… Ⅱ.①钟… ②安… Ⅲ.①出租汽车—城市交通运输—交通运输发展—研究—中国 Ⅳ.①F572.71

中国版本图书馆CIP数据核字(2016)第007540号

书　　名：中心城市出租汽车发展趋势与对策探讨
著 作 者：钟朝晖　安　晶
责任编辑：杨丽改
出版发行：人民交通出版社股份有限公司
地　　址：(100011)北京市朝阳区安定门外外馆斜街3号
网　　址：http://www.ccpress.com.cn
销售电话：(010)59757973
总 经 销：人民交通出版社股份有限公司发行部
经　　销：各地新华书店
印　　刷：北京鑫正大印刷有限公司
开　　本：720×960　1/16
印　　张：8.5
字　　数：146千
版　　次：2016年5月　第1版
印　　次：2016年5月　第1次印刷
书　　号：ISBN 978-7-114-12727-4
定　　价：30.00元
(有印刷、装订质量问题的图书由本公司负责调换)

本书编写组

组　长：钟朝晖　安　晶

成　员：张一兵　李　超　杨丽改

江玉林　赵明林　陈徐梅

徐　畅　吴忠宜　徐　彦

前言
Preface

城市出租车的发展史，是与垄断和反垄断的斗争如影随形的历史，也是在科技创新与人类社会发展的推动下不断进步的历史。15世纪初，伦敦出租马车在伦敦轮渡经营者的抗议声中发展壮大，随着汽车时代的来临，出租马车又被出租汽车所取代。之后，无线电技术的发明催生的电召出租汽车服务也曾经对巡游出租汽车经营产生强劲的冲击。进入21世纪，在“互联网+”技术的快速发展和风险投资资本的推动下，Uber、滴滴、快的等召车软件开始登上“互联网+”时代的城市交通舞台。2015年年初，当中国许多城市的居民还在享受滴滴、快的争相提供的免费专车服务时，这两家公司却在一夜之间化干戈为玉帛——宣布战略合并了。正是这一年，国务院总理李克强提出了中国“互联网+”行动计划。这似乎预示着，在“互联网+”和资本力量的共同作用下，传统的出租汽车运营模式可能发生重大转变。

从行业发展环境看，党的十八大以来，党中央、国务院提出了“建设生态文明”、“走新型城镇化道路”、“优先发展城市公共交通”等对我国社会经济发展产生巨大影响的国家发展战略，要求在城市交通领域加快促进城市公共交通优先发展，强化城市交通拥堵与交通环境污染治理，建设

“资源节约型、环境友好型”交通行业。《中共中央关于全面深化改革若干重大问题的决定》强调加快政府职能转变,“政府要加强发展战略、规划、政策、标准等制定和实施,加强市场活动监管,加强各类公共服务提供”。十八届三中全会还进一步提出,要加快完善现代市场体系,推进水、石油、天然气、电力、交通、电信等领域价格改革,预示着出租汽车运价的市场化改革已势在必行。国家宏观发展环境变化正在深刻影响着城市出租汽车的发展定位与发展方向,在“互联网 +”背景下,这一次出租汽车行业的变革,可能比以往任何一次变革产生的影响都更加深远和广泛。

本书的基础素材来自我国交通运输主管部门组织开展的一项有关出租汽车行业发展战略性、前瞻性研究的软科学项目成果。本书在“互联网 +”及我国政府推进国家治理体系与治理能力现代化等战略背景下,开展了发达国家城市出租汽车行业发展规律研究,分析了我国中心城市出租汽车发展现状及面临的挑战与机遇,深入研判了我国中心城市出租汽车行业的中长期发展趋势,从服务功能、基本经济属性和市场特征三个维度提出了出租汽车的行业定位,基于城市出租汽车未来市场细分模型探讨了“互联网 +”背景下城市出租汽车的治理模式,提出了促进中心城市出租汽车行业可持续发展的政策措施建议。

期望本书的出版发行,能够为城市出租汽车政策法规体系建设以及行业管理模式创新提供参考,并对各级交通运输管理部门推进城市出租汽车改革、促进城市出租汽车行业健康有序发展产生积极作用。

目录
Contents

第一章

概　论

第一节　传统出租汽车的基本概念

一、出租汽车经营服务的基本定义

根据我国交通运输部颁布的《出租汽车经营服务管理规定》(交通运输部令2014年第16号)对出租汽车经营服务和预约出租汽车经营服务的术语解释,结合行业内普遍认同的出租汽车服务的基本特征,可以给出租汽车经营服务下一个基本定义:以小型乘用车和驾驶劳务,按照乘客意愿行驶,根据行驶里程和时间计费,为乘客提供高品质的经营性城市客运服务。其中的关键词有:

"小型乘用车和驾驶劳务":包括小型乘用车和驾驶员两个关键要素,有别于不提供驾驶劳务的租赁汽车。

"按照乘客意愿行驶"和"高品质服务":有别于城市公共交通和道路旅客运输的大众出行服务特征。

"根据行驶里程和时间计费":有别于其他城市客运服务的计费方法。

小型乘用车指七座及以下的乘用车。考虑到"小型乘用车"的称谓专业性强而通俗性不足,在不影响对小型乘用车的基本概念和定义理解的前提下,本书在以下章节中,将"小型乘用车"简称为"小汽车"。

二、出租汽车的服务方式与市场细分

根据出租汽车的服务响应方式与服务需求特点,出租汽车主要有巡游、站点、预约三种服务方式。

早期的出租汽车主要采用巡游的方式。为了减少因巡游出租汽车"扫马路"造成的道路拥堵,法国巴黎、瑞士日内瓦等一些欧洲国家城市不允许出租汽车巡游,出租汽车主要在划定的出租汽车停靠站点提供服务,这种服务方式称为站点候客。20世纪60年代,电话的发明和普及应用,催生了通过电话预约出租汽车的服务方式(俗称"电召"),也就是预约出租汽车(英文通俗翻译为"约租车",为了便于理解和交流,以下均称为"约租车")的前身。尽管约租车的出现也像"互联网+专车"一样遭到巡游出租汽车经营者和驾驶员的抵制,但电召技术很快也在巡游出租汽车行业应用。不同的是,在互联网出现前,电召对于约租车驾驶员和约租车客户,是达成预约服务交易的主要工具;而对于巡游出租汽车驾驶员及其客户,电召的主要作用是帮助他们尽快地找到距离自己最近的交易对象。因此,电召本质上只是巡游出租汽车和约租车都可采用的交易撮合工具,不是一种服务方式。

在电召转变为出租汽车服务交易撮合工具的同时,约租车与巡游出租汽车这两种服务方式,却因服务响应方式与服务需求特点的不同,区分度逐步加大。

巡游出租汽车服务方式的特点是:巡游出租汽车驾驶员和乘客可以相互寻找距离自己最近的交易对象。巡游出租汽车主要满足乘客即时性、随机性的出行需求。通常情况下巡游出租汽车的服务对象为对服务响应时间(或费用)比服务品质更敏感的乘客。

约租车服务方式的特点是:乘客主动联系驾驶员,而驾驶员不能主动上路揽客,约租车主要用于满足乘客有计划的出行需求。通常情况下约租车服务的对象为对服务响应时间的准确性要求较高,对服务品质的要求更加层次化(不一定是高端化)、个性化的乘客。

除此之外出租汽车服务还有站点候客方式,站点候客对服务需求的响应方式和特点与巡游出租车非常接近。事实上,几乎所有国家都允许巡游出租汽车同时提供站点候客的服务(包括我国城市);同时,一些国家的城市在特定的时间(通勤高峰期)和特定的区域(通常是交通拥堵严重地段)限制巡游出租汽车沿路揽客,而只能采取站点候客的方式提供服务。因此,在管理实践中,通常把站点候客当作对交易地点做出特殊限制的巡游出租汽车进行管理。

在一些发达国家,巡游出租汽车(英文名称 Taxi)和预约出租汽车(英文名称 Private Hire Vehicles,英文简称 PHV,本书简称约租车)同属城市出租汽车行业,是对城市出租汽车行业的市场细分,典型城市如英国伦敦;还有一些发达国家城市,巡游出租汽车和约租车是两个独立的行业类型。我国国家标准《国民经济行业分类》(GB/T 4753—2011)将城市出租汽车纳入交通运输、仓储和邮政业门类,行业名称为出租汽车客运,行业分类代码为 C5413。代码含义可理解为,出租汽车客运归属于交通运输、仓储和邮政业门类(门类代码为 C),道路运输业大类(大类代码为 54),是城市公共运输行业中类(中类代码为 1)下的最小行业分类(代码为 3)。《出租汽车经营服务管理规定》进一步将出租汽车客运细分为巡游出租汽车和约租车两种,与英国伦敦的行业细分方式相同。本书亦是在此分类方法的基础上展开研究。

三、传统出租汽车的运营模式及利益相关者

出租汽车的运营模式主要有三种:个体经营、法人企业经营、组织化经营。其

中,组织化经营是指由各类出租汽车合作组织向个体经营业户或法人企业提供的出租汽车相关服务。典型的出租汽车合作组织是出租汽车电召平台(Call Center,又称出租汽车呼叫中心,有准公益性和经营性两种,准公益性平台通常由政府或非营利的中介组织如协会创建;经营性平台由提供信息服务的运营商创建),主要提供出租汽车信息、交易撮合和收费清算等服务。欧盟国家,如德国、意大利等国城市的一些大型出租汽车合作组织还提供出租汽车的维修、广告等服务。

不同的出租汽车运营服务,在运营组织上也存在差异。理论上巡游出租汽车可以完全由个体经营业户或法人企业自行组织经营。通常情况下,个体经营者会选择加入至少一个出租汽车合作组织,法人企业则根据自身的规模和财力选择自建或加入一个公共的出租汽车合作组织以获得信息撮合服务。根据上述分析,可以确定直接参与出租汽车运营服务的经营主体包括:出租汽车个体经营业户、出租汽车法人企业、各类出租汽车合作组织等。

四、出租汽车经营活动的利益相关者

出租汽车经营活动的利益相关者与出租汽车的基本业态、交易撮合方式以及行业规制方法密切相关。

仅就出租汽车经营活动而言,最直接的利益相关者是乘客和出租汽车驾驶员。出租汽车合作组织因为同时为乘客和出租汽车驾驶员服务,也自然成为出租汽车的直接利益相关者。除此之外,当车辆所有权不属于驾驶员时,车主是出租汽车经营活动的利益相关者。在一些实施出租汽车经营权管制的城市,出租汽车经营权所有者也是利益相关者。

由于出租汽车经营活动具有一定的公共特性,涉及对公共道路资源的占有使用、道路安全和城市空气环境的影响,因此,出租汽车经营活动还存在间接的利益相关者:包括采用公共交通、小汽车、自行车、步行等其他交通方式的出行者以及生活在同一城市的广大居民。

当政府需要对出租汽车经营活动进行必要管制时,政府也成为利益相关者(因为其需要综合考虑管制成本和效率的均衡以及政治影响等)。

五、出租汽车的政府监管架构

从出租汽车行业诞生以来,关于出租汽车行业该不该管制、应该管制什么的争论就从来没有停止。但是,城市出租汽车历经了几百年的发展历程,到目前为止争论的结果是:世界范围内尚未有任何一个超过 100 万人口规模的大城市完全放开对出租汽车市场的管制。对出租汽车实施管制的主要理由有:交易信息不对称、过度竞争、公众安全、交通拥堵与环境污染等负外部性等。

目前,绝大多数国际大城市的巡游出租汽车和约租车均纳入政府监管。监管对象包括用于出租汽车服务的乘用车、提供出租汽车驾驶劳务的驾驶员以及参与出租汽车运营服务的所有经营主体(个体经营业户、法人企业经营、出租汽车合作组织)。政府监管的主要内容包括市场规模限制(总量控制)、车辆经营权许可、从业资格认证、费率管制、服务质量监管、车辆安全监管等。根据出租汽车服务方式的不同,政府监管的内容和重点也各有侧重。

第二节 “互联网+小汽车出行服务”的特征分析

城市出租汽车的发展历程,折射出人类科技发展与进步的历史。从人力车、出租马车到出租汽车,交通工具更加先进;在出租汽车的发展过程中,出租汽车计程表首先被发明出来,使费率的计算更加精确、透明;无线电通信技术发明出来后,被应用于出租汽车电召服务等。

2009 年,随着移动互联网、云计算、大数据、物联网等“互联网+”技术的普及,UberCab 在美国旧金山创立,基于移动互联网的出租汽车、专车、合乘等出行服务登上“互联网+”时代的城市交通舞台。2012 年,中国的 Uber——“滴滴打车”凭借 200 万美元的创投资金,带着“移动互联网让出行更美好”的承诺闯入传统出租汽车市场;3 个月后“快的打车”获得 16 万美元的天使轮投资,紧随“滴滴打车”加入互联网打车市场角逐,一时间,本不太平的中国城市出租汽车市场硝烟四起,打车、专车、快车、一号专车、顺风车、拼车、共乘、加价等各种新名词不断出现。两家公司为争夺市场份额,先在打车领域激烈竞争,后转战专车领域继续比赛“烧钱”。2014 年下半年,两家公司分别获得巨额风险投资的同时,在打车、专车市场的客户争夺战也进入白热化,生活在大城市的人们几乎都收到过这些平台的体验邀请:有送钱体验打车、专车服务的;也有送钱体验当专车驾驶员的(没有对个人的从业资质做任何要求,就承诺专车驾驶员注册成功后接单一次就奖励 100 元)。一时间,因市场垄断和服务质量问题长期被广泛诟病的传统出租汽车行业首当其冲成为“互联网+”和资本力量的共同挑战对象。

为了便于以下的分析与研究,我们将基于移动互联网撮合平台支撑的打车、专车、合乘等新兴的出行服务方式统称为“互联网+小汽车出行服务”。

一、“互联网+小汽车出行服务”方式的细分

“互联网+小汽车出行服务”大致可分为三类:“互联网+打车服务”、“互联网+专车服务”、“互联网+汽车共享服务”。其中“互联网+专车服务”根据乘用车的性质又可细分为:“互联网+租赁汽车专车服务”(简称“互联网+租赁专车”)和“互联网+非经营性小汽车专车服务”(简称“互联网+私家专车服务”)两类。各种“互联网+小汽车出行服务”的特性分析如下。

“互联网+打车服务”:包括巡游出租汽车和约租车的叫车服务,以滴滴、快的打车为代表。此种服务与经营性的出租汽车电召服务平台很类似,本质上是为传统出租汽车提供的一种基于创新技术应用的更先进的交易撮合方式。《出租汽车经营服务管理规定》已提出将此类交易撮合方式纳入有关出租汽车电召服务的相关规定中,其具体表述为“推广人工电话召车、手机软件召车、网络约车等出租汽车电召服务”。基于移动互联网的出租汽车叫车服务纳入政府监管体系框架不存在太大争议。

“互联网+租赁专车服务”:有经营资质的租赁汽车作为乘用车+有从业资质或无从业资质的驾驶员提供驾驶劳务,以易到用车、神舟专车为代表。这种出行服务方式由于有专业的汽车租赁公司管理,租赁汽车是正规的经营性乘用车,车辆安全性能基本得到保障,是最接近预约出租汽车的服务方式,服务收费除与时间和里程相关外,与选用的车型也有直接关系。这种出行服务方式对传统出租汽车客源分流影响可控。

“互联网+私家专车服务”:私家车和其他非经营性小轿车作为乘用车+有从业资质或无从业资质的驾驶员提供驾驶劳务,包括专车、快车和经营性的顺风车业务,是当下“互联网+小汽车出行服务”平台上大量存在的业务。这种专车服务数量庞大,乘用车安全性能不受监管,驾驶员的驾驶水平参差不齐,服务安全与服务质量的保障性较弱。从服务收费上看,“互联网+私家专车服务”一般比“互联网+租赁专车服务”收费低,对传统出租汽车客源分流冲击也最大,一些快车、顺风车的服务收费比出租汽车低至一半以上,甚至对公共交通(主要是轨道交通)客流造成冲击。

“互联网+汽车共享服务”:因为是私家车主之间或私家车主与合乘者间的公益性和互助性的拼车行为,是以“自我出行”为前提,因此这种出行服务方式不在出租汽车经营服务的监管范围。《北京市交通委员会关于北京市小客车合乘出行的意见》(京交法发〔2013〕290号)对这类合乘出行方式做出了宏观指导和行为规范。

在国外，截至2012年，北美地区大约有638个汽车共享项目，汽车共享的机动化出行分担率达到8%以上，汽车共享对提高小汽车出行效率、减少城市交通拥堵和空气污染具有积极意义，值得推广。

根据以上服务细分，可以将"互联网+小汽车出行服务"定义为：以移动互联网技术为支撑，以潜在客户持有的移动通信设备为介质，以传统的出租汽车、租赁汽车、私家车等交通工具和驾驶劳务为基础，通过运营商提供的移动互联网出行服务撮合平台软件，实现个性化出行交易的快速、自动撮合，为客户提供多样化、个性化的出行服务。包括预约或即时出行服务，高端或常规服务，以及拼车、顺风车服务等。

目前，第一种服务方式已属于政府监管的范围，第四种服务方式不属于经营性业务，不适用经营服务的监管方法。因此，分歧和争议的焦点主要是"互联网+专车服务"。

二、"互联网+专车服务"的运营模式

分析"互联网+专车服务"的服务特征可以发现，"互联网+专车服务"的运营，与既有的出租汽车电召平台有很多类似，但也有所区别。

在服务体验的前端：乘客接受的还是"小汽车+驾驶员"的一体化出行服务，与传统的扬召和电召服务没有显著区别。但是供需双方交易信息的透明性、服务响应时间以及服务的可选择性大大增强。交易成本降低，运力资源使用更高效。

在服务供给的后端：传统的出租汽车电召平台的服务供给方是有城市客运经营资质的巡游出租汽车和约租车及有城市客运从业资质的驾驶员。相比之下，"互联网+专车服务"平台的服务供给方的性质复杂很多，除纳入监管的出租汽车个体户、法人企业外，租赁汽车法人企业和私家车主，甚至一些公司的闲置小汽车都可以成为专车的来源，这些车辆几乎都没有城市客运经营资质，绝大多数专车驾驶员没有从业资质。由于服务供给方的增加，用于"互联网+小汽车出行服务"的乘用车数量也大大增加。

在服务撮合的中间环节："互联网+专车服务"平台和电召平台一样提供传统的信息、交易服务和清分服务。但不同的是，"互联网+专车服务"平台运营商比传统的电召平台拥有更大的市场、更强的盈利掌控力和更小的经营风险。具体表现在，"互联网+专车服务"平台运营商拥有除出租汽车服务外的专车服务定价权，以及更强势的交易服务费用定价权。

第三节 “互联网+专车服务”对我国传统出租汽车行业的影响

“互联网+小汽车出行服务”的兴起，长远来说对我国中心城市出租汽车发展方式转变具有积极的促进作用。但当前对我国传统出租汽车市场确实构成了很大冲击，也存在着因监管缺失而产生的各种安全隐患和服务质量难以保障的问题。除此之外，作为“互联网+”融入传统产业的创新尝试，可能还存在一些尚不确定的影响。

一、促进我国传统出租汽车行业转型发展

1. 提高出租汽车运输组织效率、减少负外部性

基于移动互联网先进技术的交易撮合方式，证实能够使短距离机动化出行减少、降低空驶率，对缓解城市交通拥堵和减少排放产生可确定的效果。

数据分析：根据北京交通发展研究中心对相同的6649辆出租汽车数据样本使用打车软件前后效果的初步分析，对2013年10月打车软件普及前和2014年10月普及后的定量化指标进行对比显示，出租汽车短距离服务（3km以下）减少；出租汽车短距离载客次数的比例减少，而长距离（10km以上）载客的比例增加；里程空驶率减少了1%；空驶距离由2013年的3.45km缩短到3.38km。运营效率有所提升。

2. 对于传统出租汽车市场垄断坚冰现象产生冲击

尽管我国交通运输主管部门在2014年底出台了《出租汽车经营服务管理规定》，定义了预约出租汽车服务也就是约租车服务的概念，但是，约租车在我国并未普及。尽管许多城市的出租汽车公司都为消费者提供了以无线电、电话等形式进行预约的业务，但是它并不是作为一种独立的约租车经营服务方式出现，而只是作为巡游出租汽车的一种交易撮合服务方式。约租车市场的空白主要被遍布大城市的黑车填补。约租车的缺位，为“互联网+专车服务”的肆意发展提供了契机，也动摇了巡游出租汽车市场的垄断地位。

首先，“互联网+专车服务”使传统出租汽车企业产生较强的危机感，在部分城市，专车驾驶员招聘的优厚条件和专车服务的相对高收入动摇了出租汽车企业驾驶员队伍的稳定性，为此出租汽车企业主动对因专车分流客源导致的出租汽车驾

驶员收入下降给予一定的补贴补偿。

其次,"互联网+专车服务"也给出租汽车驾驶员更多的职业选择和进行收入比较的机会,出租汽车从业人员队伍中也确实出现了离职去从事专车服务的现象。从某种角度上看,专车驾驶员的收入水平,为测算出租汽车驾驶员相对市场化的收入标准提供了参照。

最后,对于乘客,抛开安全隐患因素,在发展初期,"互联网+专车服务"平台能够给乘客更多的出行方式选择,更好的服务体验。市场化的定价也解决了特定时间和特定区域打车难的问题,方便了需要个性化出行服务的乘客。

3. 倒逼各级政府及相关部门加快推进我国城市出租汽车改革

当前,出租汽车管理体制和机制改革已进入深水区。出租汽车行业的历史问题和深层次矛盾较多,在维持社会稳定的压力下,我国各级政府及相关部门对出租汽车改革普遍存在畏难情绪。因此,出租汽车改革推进困难,改革动力不足。此次来势汹涌的"互联网+小汽车出行服务"的冲击,引发了社会舆论对我国出租汽车行业垄断现象和服务质量不佳问题的再次申讨,社会舆论压力成为推进出租汽车管理体制和机制改革,转变行业发展模式的难得契机。

二、冲击传统出租汽车市场和相关利益群体

对于出租汽车驾驶员,大量专车进入传统出租汽车市场,在一定程度上造成了市场过度竞争,影响了出租汽车驾驶员收入。中心城市的巡游出租汽车驾驶员普遍反映,专车出现后日接单量变少、营业收入下降,部分出租汽车驾驶员通过延长工作时间来弥补收入下降,超时工作造成驾驶员疲劳驾驶,给运营安全带来隐患。

相对于公司化运营、员工化管理的出租汽车企业,"互联网+专车服务"的"轻资产+资本支持的补贴机制"模式,不仅掠夺客源,也造成传统出租汽车从业人员服务质量下降,如一些出租汽车企业发生驾驶员甩客的现象,对企业正常经营带来不良影响。

三、其他不确定性影响

"互联网+专车服务"可能对未来造成不确定性的影响因素主要有以下三个方面。

(1)乘客安全出行可能存在隐性风险。由于大量不受政府监管的车辆和没有从业资质的驾驶员从事"互联网+私家专车服务"运营,使运营安全和安保的隐患大大增加。尽管平台通过建立信用体系实施监管,但乘客却无法事前了解所乘坐车辆的安全性能,也无法自由选择信用等级高的驾驶员提供服务。

（2）资本力量支持下的“互联网＋小汽车出行服务”平台代替传统出租汽车企业（经营权所有者），可能形成更强势的行业垄断。天下没有免费的午餐，滴滴、快的在互相攀比“烧钱”后突然实现战略合并，这其中资本扮演的角色及期望的回报耐人寻味。

例如，以Uber为代表的移动互联网约租车企业，在融资估值高及走向资本市场的预期双重利益驱动下，其商业模式不可能采用“公益性合乘”。依赖非运营汽车拥有者提供运输服务，以及通常收取20%～30%的出行撮合服务费，是这类企业被当今资本市场认同的一种商业模式。因为资本的加入，“互联网＋专车服务”平台的垄断对从业人员的伤害，可能比传统出租汽车企业影响范围更大，也更难管制。

（3）互联网技术下的信息安全和在线支付安全问题可能增加。“互联网＋”技术很大程度帮助出租汽车行业缓解了信息不对称问题，为出租汽车行业探索新的业态、新的监管模式提供了强有力的技术支持。但与此同时，它也可能带来乘客出行隐私信息被泄漏的安全隐患。

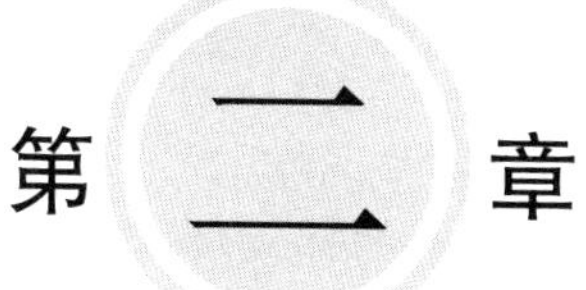

发达国家大城市出租汽车的发展规律研究

第一节　伦敦出租汽车发展历程与行业规制政策变迁

英国伦敦的出租汽车服务以热情、周到、高效而著称，伦敦出租汽车驾驶员被公认为世界上最有礼貌的驾驶员。伦敦出租汽车因其优质的服务连续获得国际出租汽车协会颁发的“世界最佳出租汽车服务奖”，“奥斯汀”牌出租汽车也成为城市的亮丽名片。和谐稳定的市场与乘客满意的服务，与伦敦市政府一直以来与时俱进、因势利导、适时调整的出租汽车管制政策密切相关。为此，本书选择伦敦出租汽车发展历程与行业管理政策变迁进行综合分析，力求从中探索出租汽车行业发展的规律性和行业管理的有益经验。

一、出租汽车市场发展历程

伦敦市出租车经历了出租马车和出租汽车时代。目前伦敦出租汽车市场主要有两种服务模式：巡游出租汽车(Taxi)和预约出租汽车(Private Hire Vehicles，简称 PHV)。

1634 年到 20 世纪初是伦敦出租马车时代。这期间，伦敦出租马车经历了从缓慢起步到快速增长，而后随着出租汽车的发展逐步衰落的过程。20 世纪初，伦敦进入出租汽车时代，直到 20 世纪末，伦敦巡游出租汽车都一直保持了增长的态势。图 2-1 大致反映了 1633—1996 年伦敦出租车行业运力规模变化情况。

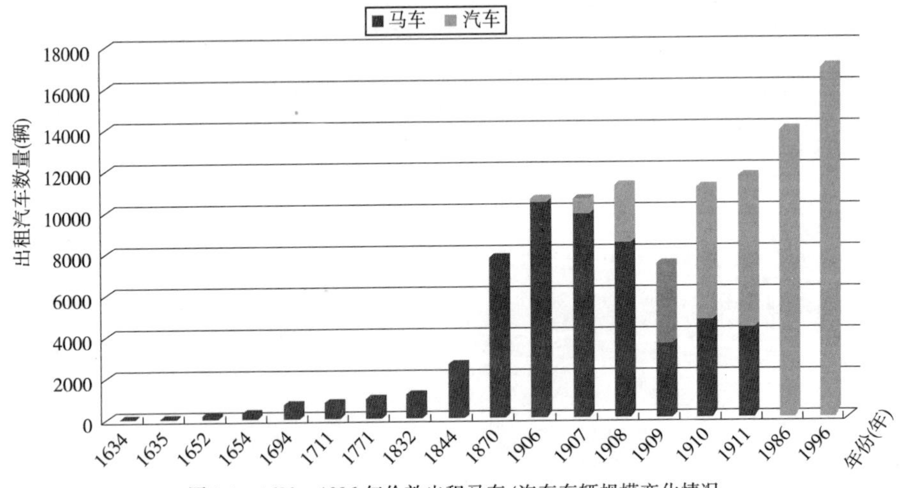

图 2-1　1633—1996 年伦敦出租马车/汽车车辆规模变化情况

从20世纪90年代到2012年的20多年里，伦敦出租汽车从平衡发展期进入了成熟稳定阶段。1998—2012年间，尽管伦敦人口在不断增长，但伦敦巡游出租汽车行业一直保持日均客运量在3万~4万人次，在城市客运中所占比例非常小，保持在3%~5%，且总体呈下降趋势，见表2-1。

伦敦各种客运方式历年日均客运量及出租汽车的城市客运分担率　　表2-1

年份（年）	铁路日均客运量（百万人次/日）	地铁日均客运量（百万人次/日）	轻轨日均客运量（百万人次/日）	公交车日均客运量（百万人次/日）	出租汽车日均客运量(Taxi/PHV)（百万人次/日）	日均总客运量（百万人次/日）	出租汽车客运分担率（百万人次/日）
1998	1.7	2.4	0.1	3.5	0.4	8.1	4.9%
1999	1.8	2.5	0.1	3.5	0.4	8.3	4.8%
2000	1.8	2.6	0.1	3.7	0.4	8.6	4.7%
2001	1.8	2.6	0.1	3.9	0.4	8.8	4.5%
2002	1.9	2.6	0.1	4.2	0.4	9.2	4.3%
2003	1.9	2.6	0.1	4.6	0.4	9.6	4.2%
2004	2.0	2.7	0.1	5.0	0.4	10.2	3.9%
2005	2.0	2.6	0.1	5.0	0.4	10.1	4.0%
2006	2.1	2.7	0.2	5.2	0.4	10.6	3.8%
2007	2.3	2.9	0.2	5.9	0.4	11.7	3.4%
2008	2.4	3.0	0.2	6.2	0.4	12.2	3.3%
2009	2.3	2.9	0.2	6.3	0.4	12.1	3.3%
2010	2.5	3.0	0.2	6.3	0.3	12.3	2.4%
2011	2.7	3.2	0.2	6.4	0.4	12.9	3.1%
2012	2.9	3.3	0.3	6.5	0.4	13.4	3.0%

出租汽车的平衡发展时期，也是伦敦公共交通的快速发展时期。图2-2反映了1998—2012年间，在伦敦出租汽车客运量趋于稳定的15年间，伦敦轨道交通、公共汽电车等公共交通日均客运量保持稳定增长的趋势。在这15年中，伦敦公共交通客运量与分担率稳定攀升，逐步占据了城市交通出行的主导地位。

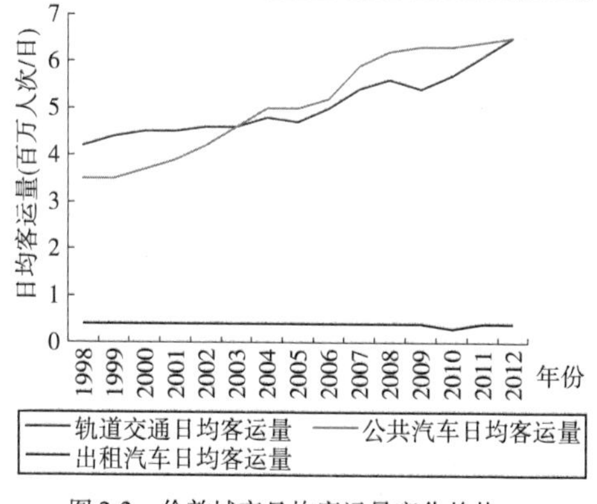

图2-2　伦敦城市日均客运量变化趋势

截至2011年，伦敦出租汽车的日均客运量为4万人次，占城市客运分担率的3.2%，占全方式交通出行量的1.3%，出租汽车平均拥有量为2.18辆/千人。在伦敦地区拥有约25150名登记许可的巡游出租汽车驾驶员和约22500辆巡游出租汽车。驾驶员分别持有绿色或黄色两种徽章。绿色徽章持有者可以在伦敦所有地方经营；黄色徽章持有者只能在特定区域经营，在伦敦有16个此类经营区域。除此以外，还有51300辆预约出租汽车和62200名预约出租汽车驾驶员。预约出租汽车的数量和从业人员的规模远大于巡游出租汽车。

二、行业管理政策变迁及诱因

伴随着伦敦出租汽车市场规模、城市社会经济发展与交通政策的变化与调整，伦敦出租汽车管理政策也遵循生产关系适应并引领生产力发展的原理不断进行相应的调整优化。在伦敦出租汽车发展的各个阶段，政府有针对性地采取了总量控制、出租汽车经营权许可、从业人员资质许可、车辆安全、费率管理等手段对出租汽车行业进行管理和引导。

16世纪中期伦敦出现出租马车。因为基础设施等因素的限制，马车占据了相对较大的社会资源，且需求量相对较小。在这一时期，伦敦市政府对出租马车的发展实施限制性政策，出租马车发展缓慢。

19世纪30年代—20世纪初出租马车限制放松。1833年，随着伦敦市基础设施建设的发展和交通道路的拓宽，对于出租马车数量的限制有所放松。到20世纪初，伦敦出租马车的数量已经达到了10000辆。

20世纪初—20世纪50年代出租汽车代替出租马车。伴随着出租汽车行业的壮大，一系列行业发展的矛盾也随之而来：驾驶员资质、行驶里程与计费等问题严重制约了出租汽车的发展，随之而来的第二次工业革命改变了传统出租马车的经营方式，汽车等新技术在传统行业的运用又带来了一系列的困扰，单一针对出租马车的管理方式已经不再适用于出租汽车。在这一时期，出租汽车行业暴露出很多问题，加之缺乏监管，使出租汽车行业一度陷入混乱，进入了发展的瓶颈期。为促进和规范伦敦出租汽车行业的发展，伦敦市政府相继出台了一系列的法律法规，据不完全统计，这一时期针对出租汽车的法律多达11部。

20世纪50年代至今。逐步弱化对出租汽车市场规模与经营权的直接控制及运营模式的要求，强化对从业人员资格、服务水平、车辆安全等与服务质量提升相关事项的管理，保持对出租汽车运价的管制。经过上百年的发展，伦敦出租汽车行业已经成为伦敦市的标志之一。这期间，伦敦市针对出租汽车出台了一些法令，除了对先前法令的修正和完善，更多的是对提升其服务质量的要求。例如对于行业的准入、经营权以及公司化经营等问题不再设置门槛,但是对于驾驶员专业知识、服务水平、车辆安全等影响到服务质量的因素管理却没有放松,因此也赢得了较高的乘客满意度。这一期间,出租汽车的客运量和数量相对稳定,没有发生大的变化,虽然放开行业的总量控制,但是加强的专业水平测试使得出租汽车总量并没有发生明显的波动。

三、伦敦现行出租汽车管理模式

伦敦出租汽车的城市客运分担率在 2011 年仅占 3.2% ,名副其实处于城市客运的辅助与补充地位。出租汽车的收费水平也相对较高,体现了出租汽车与公共交通级差服务的特点,服务对象是有经济能力且愿意支付更高费用以享受更便捷、舒适的出行服务的群体,以及极少数无法通过公共交通基本服务或私人小汽车解决交通出行需求的特殊群体。在促进绿色出行、治理交通拥堵以及防治城市空气污染的城市交通政策下,伦敦市政府继续大力改善公共交通服务质量,鼓励慢行交通出行方式,出租汽车不属于政府鼓励的行业。

目前,伦敦市政府仍对出租汽车实施必要的管理。其管理特点是:弱化了对市场规模与经营权的直接控制及运营模式的要求,强化了对从业人员资格、服务水平、车辆安全等与服务质量提升相关事项的管理,并继续保持对出租汽车运价的管控。伦敦出租汽车运价采用固定运价,并每年进行审查,其依据是出租汽车经营者的收入和成本,以保证其获得合理的利润。伦敦出租汽车运价是根据时间和距离等因素按照费率公式进行具体制定的,另外对于不同形式的出租汽车服务,其收费也都做了详细规定,例如电话预约需要加收 2 英镑服务费,机场出发加收 2.4 英镑服务费,圣诞节和新年等节假日需加收 4 英镑的服务费。通过与四通八达的伦敦公共交通系统相比较,稳定时期的出租汽车费率相对较高。如果按照工作日出行 6km 计算,乘坐公共交通工具的平均费用不到 1.2 英镑,而在道路状况良好的情况下乘坐出租汽车费用也不少于 21 英镑,是公共交通的 17.5 倍。而在其他时间段,这个比例则会更高。

在上述管理方式下,伦敦出租汽车的客运量一直保持相对稳定,出租汽车总量没有发生明显的波动。究其原因,除了严格的从业资格控制和服务质量与安全监督提高了从业人员门槛,间接实现了市场准入控制的效果外,还与伦敦市政府 10 多年来坚持不懈地实施公共交通优先政策,近几年来大力发展慢行交通有着直接的关系。从表 2-1 可以看出,近 10 年来,伦敦的公共交通客运量一直在随着交通出行量的增长而平稳上升,而出租汽车的客运量则一直保持平稳,并未随交通出行量的增长而发生显著变化。

第二节　发达国家大城市出租汽车发展规律分析

一、发达国家大城市出租汽车市场规模变化规律

城市出租汽车的服务方式，从最早只有一种巡游服务，发展到现在的巡游、站点候客和约租车三种服务方式。不同城市选择的出租汽车服务方式不同，目前世界各国城市主要有两类服务方式：一类是由巡游、站点候客和约租车三种服务方式构成的出租汽车市场结构，如美国、中国、日本、新加坡等；另一类是由站点候客和约租车两种服务方式构成的出租汽车市场结构，不允许采用巡游服务方式，如欧盟的德国、法国、瑞士等。

出租汽车发展的总体趋势是：巡游和站点候客服务方式的市场份额逐步减少，约租车的市场份额发展相对平稳。在典型的发达国家城市，巡游或站点候客出租汽车在城市公共客运市场的份额普遍经历了快速发展、增速放缓后进入下降趋势并最终趋于平稳的过程。以下几组数据一定程度证实了这一规律的普遍性。

英国伦敦：1908 年，出租汽车替代出租马车后，客运量就一直保持较高的增长速度；从 1986 年起，巡游出租汽车客运量增速开始放缓；到 1996—2013 年，尽管伦敦人口及交通出行量仍在增长，但伦敦巡游出租汽车日均客运量一直保持在 3 万 ~4 万人次。巡游出租汽车在城市公共客运中所占比例保持在 3% ~5% 之间，且总体呈下降趋势，如图 2-3 所示。

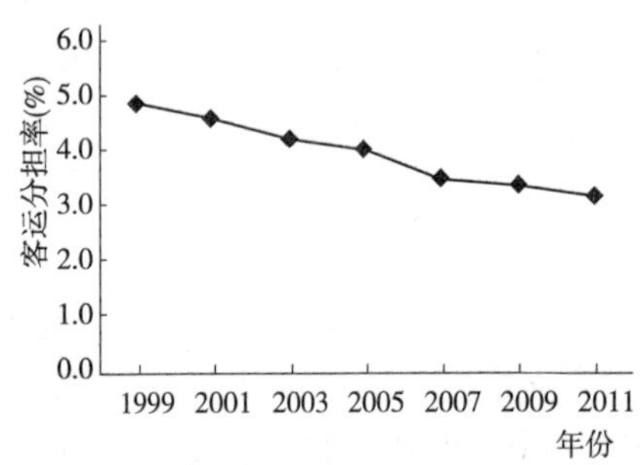

图 2-3　伦敦出租汽车客运分担率变化趋势

美国纽约：20 世纪 70 年代至 1995 年，巡游出租汽车客运量增长约 35%，此后，巡游出租汽车客运量的变化幅度始终保持稳定。1995 年以来，纽约出租汽车的年客运量始终在 2.5 亿人次左右。

日本东京：虽然东京巡游出租汽车客运分担率略高于伦敦，但是出租汽车客运量逐年下降，年客运量由 1995 年的 4.8 亿人次下降到 2009 年的 3.6 亿人次。

德国：据联邦交通、建筑及都市事务部（Bundesminis Terium für Verkehr，Bau und Stadtentwicklung）的统计，从 2000 年 3 月到 2004 年 12 月，德国站点候客的出租汽车客运量下降了 10.3%。

二、发达国家大城市出租汽车发展环境与功能定位的变化规律

城市出租汽车市场规模的变化与城市及交通发展方式选择有密切关系。城市出租汽车市场规模的每一次转折性变化，都和城市交通发展政策调整有密切关系，伴随着城市交通发展政策的调整，出租汽车的行业定位也相应发生变化。

以伦敦为例：城市出租汽车的快速发展期，也是以小汽车为主导的交通政策盛行期，这期间，城市公共交通通常供给不足，私人小汽车增长也比较快，出租汽车的服务范围、对象比较广泛，出租汽车费率水平相对较低。随着小汽车规模不断加大，城市交通拥堵和空气污染开始加剧，城市交通政策转向发展公共交通，私人小汽车在经历过一段快速进入家庭的过程后，万人拥有量增速放缓并逐步饱和，一部分高收入阶层不再是出租汽车的主要服务对象。当公共交通从供给不足到逐步占据城市交通的主导地位时，大多数中低收入人群也退出出租汽车的服务范围，出租汽车行业功能定位逐步稳定。

三、发达国家大城市出租汽车行业管理政策变化规律

伴随着出租汽车市场规模变化及城市交通发展政策的调整，发达国家大城市的出租汽车行业管理政策也在较少管制、全面加强管制、放松与强化部分管制三个层次上调整，但迄今为止尚未有任何一个国家的大城市完全放开对出租汽车市场的监管。总体而言，出租汽车管理政策与出租汽车市场规模发展变化相对应，出租汽车行业管理政策具有以下规律：

（1）在城市出租汽车发展初期，管理政策特别是总量控制、从业人员资质管理相对较松。

（2）在出租汽车高速发展阶段，市场矛盾较为集中，各国城市政府均倾向于全面加强管理，这一时期，各国大城市普遍实施了总量控制、市场准入、经营权管理、从业人员资质管理、费率管理、安全与服务质量监管等管理政策。

（3）当出租汽车发展到相对稳定时期，一些国家由于不同的原因（管理理论变化、市场失灵现象好转等）选择了放松管理。由于放松管理的原因及各自所处的发展环境条件不同，放松管理在不同国家城市间产生了不同的效果：一些国家的大城市，放松管理造成了出租汽车市场的混乱，不得不重新恢复管理，如美国西雅图、圣地亚哥等城市。一些城市经过短暂的混乱期后市场逐步恢复平稳，如韩国首尔。另一些国家城市，在城市公共交通逐步占据城市交通的主体地位时，选择城市社会经济发展较好、就业环境较好的时期，放松了对出租汽车的部分管理（主要是总量控制及经营权、费率管理），同时，强化了从业人员准入资格和安全与服务质量监

管,达到较好的效果,如新加坡、英国伦敦。

简要评估新加坡对出租汽车总量控制政策放松的效果:新加坡于2012年实际放开出租汽车市场的数量控制。迄今为止,除既有的出租汽车企业外,另有两家出租汽车公司进入市场,其中一家因为服务质量不能满足政府监管要求而不得不于2013年退出。新加坡出租汽车市场总量控制的管理放松后,市场情况总体比较平稳,没有出现政策放松后车辆大增、费率上涨、服务质量下降或出租汽车驾驶员罢工现象,这与新加坡政府选择政策出台的时机与有效的风险控制有关,新加坡政府选择了国内就业形势较平稳,公共交通服务有基本保障的情况下实施放松管理政策,并对进入市场的企业设置了最低门槛(申请从事出租汽车运营的车辆不少于100辆),同时仍保留控制出租汽车企业的运营车辆年均增长不超过3%的政策手段以备不时之需。当然,新加坡人投资相对理性,也是重要的原因。

第三节　城市出租汽车行业发展阶段划分

以伦敦出租汽车发展历程为参照,结合东京、首尔、巴黎等东西方发达城市的出租汽车发展与政府管理政策变化规律特点,可将出租汽车行业发展划分为4个发展阶段:起步阶段、快速发展阶段、平衡发展阶段、成熟稳定阶段。不同发展阶段的市场特征、发展环境特征与管理政策特点均有所不同,见表2-2。

出租汽车发展阶段划分　　表2-2

发展阶段	市场特征	外部发展环境特征	管理政策特点
起步阶段	门槛较高;出行分担率较低;费率水平高	公共交通供给严重不足,外部竞争及环境制约小	管理政策较松
快速发展阶段	门槛逐步降低,内部竞争逐步加大;出行分担率上升很快,市场需求很大;费率水平降低	公共交通发展加速,小汽车开始普及,城市道路拥堵现象出现	实施准入与费率管理;服务质量与安全管理相对宽松
平衡发展阶段	门槛低;出行分担率上升变缓或停止上升;费率水平稳定	公共交通继续快速发展,小汽车增速加快;城市道路拥堵现象逐步加剧;交通需求管理政策开始实施;城市环境恶化	全面加强总量控制、准入管理、费率管理、服务质量与安全管理
成熟稳定阶段	出行分担率平稳下降,并逐步趋于稳定;费率水平上升;就业门槛相对平稳	公共交通平稳发展,慢行交通逐步发展;交通需求管理政策全面实施;城市道路拥堵及城市环境污染得到控制	总量控制力度放松,费率管理放松;强化服务质量与安全管理

第四节 出租汽车成熟稳定期的主要市场特征

一、出租汽车的主要服务方式

约租车服务面世后，由于其服务的多样性、高品质、价格灵活等，得到了各国城市出租汽车行业监管者的支持。在纽约、伦敦等城市，约租车快速发展，规模很快超过传统巡游出租汽车。目前，纽约巡游出租汽车的数量为1.3万辆，约租车数量为4.8万辆，伦敦巡游出租汽车的数量为2.2万辆，约租车数量为4.9万辆。

一些欧盟国家城市，出于城市交通拥堵与降低交通污染等原因，禁止出租汽车采用巡游服务方式。一些城市以站点候客服务方式代替了巡游服务方式。如：新加坡在出行高峰期中心城区禁止出租汽车巡游；巴黎和日内瓦不允许出租汽车巡游；新西兰、巴黎等以站点候客为主；瑞典、挪威等以约租车为主；日内瓦有70%乘客会选择约车方式，其余30%则选择在站点等候乘坐出租汽车；在东京虽然3种服务方式并存，但巡游、站点候客、约租车的市场份额比例分别为22.9%、37.1%、40%，巡游的市场份额不足1/4。

二、出租汽车的市场规模

发达国家城市出租汽车在城市各种交通运输方式的比例均小于8%，如表2-3所示。

国际典型城市各种交通方式的分担率(单位:%) 表2-3

城市名称	公共交通	私家车	步行	自行车	出租汽车	其他	总计
巴塞罗那	26	35	38	0	1	0	100
博加塔	62	15	15	2	4	2	100
芝加哥	16	63	19	1	1	0	100
香港	80	11	0	0	8	1	100
马德里	34	29	36	0	1	0	100
巴黎	62	32	4	1	1	0	100
首尔	63	26	0	0	6	5	100
新加坡	44	29	22	1	4	0	100
台北	32	46	15	4	2	1	100

发达国家出租汽车客运在城市客运中的分担率(轨道交通、公共汽电车、出租汽车)也未超过15%,如表2-4所示。

国际典型城市出租汽车城市客运分担率　　表2-4

国　家	城　市	市场特征	
		城市客运分担率(轨道交通、公共汽电车、出租汽车)(%)	出租汽车千人拥有量(辆/千人)
韩国	首尔	8.7	—
日本	东京	3.6	2.4
新加坡	新加坡	13.6	5.2
英国	伦敦	3.2	2.18
法国	巴黎	1.6	—

上述数据显示,出租汽车进入成熟期后,在城市交通体系中处于辅助地位,虽然市场规模下降,但一直保有一席之地。成为公共交通、私家车等长距离、机动化出行方式的必要补充。

在出租汽车发展成熟稳定期,私家车发展进程也基本成熟,美国、法国、日本等国家的万人小汽车拥有量呈下降趋势,如图2-4所示。

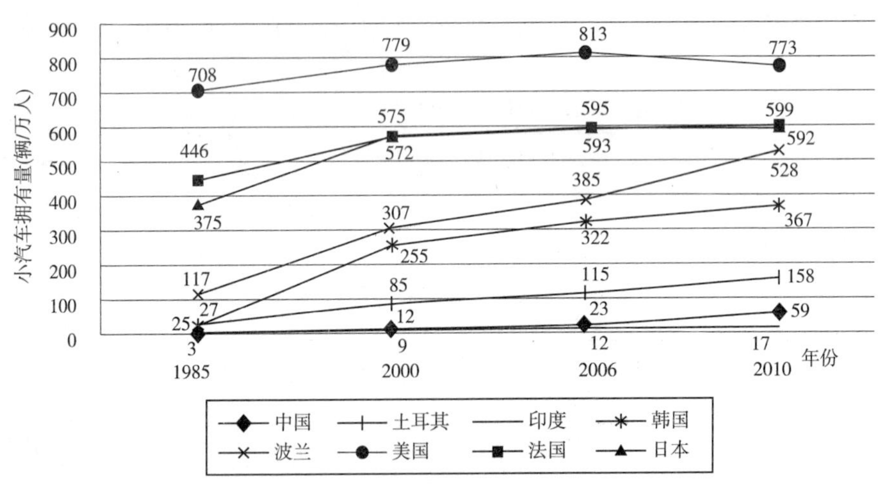

图2-4　典型国家城市万人小汽车拥有量变化趋势

第五节 出租汽车成熟稳定期的行业管理政策特点

一、出租汽车行业法规非常健全

发达国家大城市很早就制定了巡游出租汽车行业相关法律法规。约租车服务方式出现后，各国城市相继出台相关法规将约租车纳入出租汽车行业监管。例如，英国1976年就建立了约租车的全国监管法规，纽约和伦敦分别在1987年、1998年通过立法，将约租车纳入监管。典型国家出租汽车管理的主要相关法规制定情况见表2-5。

典型国家出租汽车管理相关的法规制定情况 表2-5

国家	国家法规
新西兰	《交通服务准证法》、《道路交通法案1998》、《道路交通条例—经营执照》等
挪威	《专业运输法案》(Professional Transport Act)、《挪威竞争法案》(Norwegian Competition Act)、《出租运输最高费率规章》等都有对出租汽车行业起到相关作用
韩国	《乘客运输服务法案》、《交通运输服务法案》等
日本	《出租汽车特别措施法》、《道路交通安全法》、《道路运送法》等
土耳其	《内阁会议长第10553号决议》、《第5362号商人和手工业职业组织法》(注：在土耳其，出租汽车服务供应商被认为是"商人和手工业者")
德国	《旅客运输法案》等
英国	《1963年道路交通法规(车辆结构、设备和使用)》等

下面以新西兰为例简要介绍西方国家出租汽车法规的主要内容。新西兰的《交通服务准证法》(The Transport Service Licensing Act 1989)于1989年11月1日正式生效，遂成为全国范围内沿用至今的对出租汽车行业具有指导价值的法案。此法案诞生于新西兰出租汽车行业放松管制时期，因此对于出租汽车投放数量等没有明确的要求，但对于服务质量及监管非常严格：一是规定公司需24h提供服务；二是加大申请者的资质认证力度，要求获得准证的门槛不再是购买经营许可的资金，而是申请者的个人素质。《交通服务证法》不仅要求申请人在申请时提供更多的证明文件，还要求经营者必须将驾驶员的个人信息张贴在车窗上便于乘客进行监督检查，2005年还增加了要求驾驶员提供无犯罪记录证明的条款。除《交通服务准证法》外，新西兰出租汽车相关的法律还包括《道路交通法案1998》(Land

Transport Act 1998)、《道路交通条例—经营执照》(Land Transport Rule—Operator License)等。新西兰通过建立严格的法律法规体系,规范了出租汽车经营者的服务质量要求,保障了乘客的合法权益,增强了行业服务水平和监管力度,促进了出租汽车行业规范化的发展。

二、出租汽车管理政策多样化

各国大城市出租汽车管理政策的差异性较大,详见表2-6。

东西方国家典型城市的出租汽车管理方式　　表2-6

国　家	城　市	市场准入				
		总量控制	经营权	从业资格	费率	服务质量与安全
日本	东京	放开	放开	加强	管制	管制
英国	伦敦	放开	放开	加强	管制	加强
新西兰	—	放开	放开	加强	放开	管制
瑞典	—	放开	放开	管制	放开	管制
德国	—	实际放开	控制	管制	管制	管制
新加坡	—	实际放开	管制	管制	放开	加强
韩国	—	管制	放开	管制	管制	管制

第六节　发达国家和地方政府对"互联网+专车"的监管方式

随着移动互联网技术的发展,以美国Uber为代表的移动互联网企业,在全球范围扩展移动互联网召车服务、专车服务和营利性合乘撮合平台。其中,Uber在资本力量的推动下,已拓展到全球277座城市,包括伦敦、巴黎、慕尼黑等主要欧洲城市,以及新加坡、首尔、中国台北、东京、中国香港等主要亚洲城市,并于2013年8月在我国的上海首次上线。

在"互联网+专车"的发源地美国,各州政府普遍认为,"互联网+专车"服务,其服务特征与传统约租车服务没有区别。从本质上看,这些企业采用非营运车辆从事运输服务,将公益性合乘转化为营利性约租的经营模式,是在不受政府管制的情况下从事约租车服务,不仅违法,也造成了与传统巡游出租汽车和约租车经营的不正当竞争。

对"互联网 + 专车",世界各国大城市的主要做法是,支持"互联网 +"与传统出租汽车行业融合,充分发挥"互联网 +"在出租汽车服务信息透明化以及提升出租汽车运输组织效率方面的积极作用,同时,也明确支持把"互联网 + 专车"纳入约租车的监管架构,以保障"互联网 + 专车"服务的安全,维护公平的市场环境。

对于"互联网 + 专车"运营中出现的有别于传统出租汽车的市场失灵现象,目前美国各地都在探讨通过立法设定各种条件来规范互联网召车软件企业从事巡游出租汽车和约租车的互联网招租服务,规范与传统出租汽车运营矛盾激烈的专车服务平台与营利性合乘撮合平台,但并未打破出租汽车特许经营机制。欧盟国家非常推崇合乘撮合服务,但是有关合乘撮合服务的规范管理,世界各国及各城市也仍在探索之中。在纽约、伦敦等城市,则是将其纳入现有出租汽车(巡游出租车、约租车)管理体系;在美国加利福尼亚州,已经将"互联网 + 专车"服务纳入州政府的管制;洛杉矶、芝加哥也刚刚完成"互联网 + 专车"服务的立法。

第七节　发达国家大城市出租汽车行业发展规律总结

结合伦敦、东京、首尔、巴黎、新加坡等东西方发达国家城市的出租汽车发展历程及城市交通发展政策变化特点,可将出租汽车行业划分为 4 个发展阶段:起步阶段、快速发展阶段、平衡发展阶段、成熟稳定阶段。其中成熟稳定阶段的主要特征有以下四个方面。

(1)市场规模:出租汽车客运量占轨道交通、公共汽电车、出租汽车等城市客运总量的比例降至较低水平,出租汽车城市客运分担率不超过 15%。

(2)服务方式:发达国家大城市多将出租汽车划分为巡游出租汽车和约租车两种行业类型,通常采取巡游、站点候客、约租车等服务交易方式。随着移动通信与"互联网 +"技术的不断普及,在发达国家大城市,约租车、站点候客逐步占据出租汽车服务的主流地位(超过 70%),巡游服务的比例减小,一些城市甚至禁止巡游出租汽车服务。

(3)出租汽车管理政策:出租汽车管理政策总的演变趋势是放松数量、经营权、费率控制,坚持或强化出租汽车从业人员与车辆的准入与动态监督管理。随着"互联网 +"先进技术在出租汽车领域的广泛应用,政府的管理重点向"互联网 + 出租汽车"产生的市场失灵现象转移。发达国家大城市特别注重与时俱进地完善出租汽车法规,以适应与引导行业生产力的进步。

(4)出租汽车相关外部环境:城市交通政策转向鼓励绿色出行。城市公共交通占据城市交通出行方式的主导地位(超过50%),城市居民基本交通出行难问题得到基本解决,城市政府不同程度实施了小汽车拥有和使用政策。

第八节　对我国中心城市出租汽车行业管理的启示

迄今为止的研究结果与世界各国实践表明:政府对出租汽车的治理没有完美的模式可套用,在管理尺度控制上也无标准答案可寻。在行业管理的总基调下,各国城市政府对出租汽车行业普遍是在强化管理和放松管理的政策调控下发展,地区经济自身发展的各种环境变化因素(如大萧条时期的过度竞争)都会影响到一定时期城市出租汽车行业管理的强弱程度,调整的周期和力度没有清晰的规律可循。同一种管理模式,在不同国家、不同城市可能产生完全不同的管理效果,这其中有不同城市的社会经济文化背景、公共交通发展水平、城市综合交通系统建设、城市自然地理条件等差异原因,也很大程度取决于与政策法规配套的行业发展政策的合理性和适用性。

总体而言,发达国家政府在城市出租汽车不同发展阶段及不同发展环境背景下采取了差异化的管理政策。近年来,随着出租汽车行业在发达国家逐步进入到成熟稳定阶段,一些国家政府的出租汽车政策法规向放松管制、鼓励竞争的方向转变。

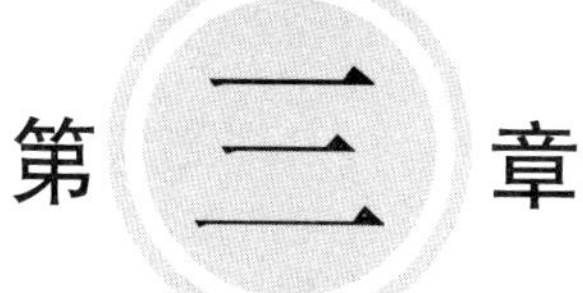

第二章 我国中心城市出租汽车行业的发展现状

第一节 市场运行现状数据分析❶

一、中心城市出租汽车市场运行基础数据

2013 年我国 36 个中心城市出租汽车保有量、平均千人拥有出租汽车数量等市场运营数据见表 3-1。

中心城市 2013 年出租汽车市场规模数据　　表 3-1

市区人口规模	城 市	市区人口（万人）	出租汽车保有量	
			总量（辆）	平均千人拥有出租汽车数量（辆/千人）
>1000 万	北京	2114.8	67046	3.17
	上海	2415.15	50612	2.10
	广州	1333.72	21437	1.61
	重庆	2096.96	17096	0.82
	深圳	1062.89	15973	1.50
300 万～1000 万	天津	902.07	31940	3.54
	太原	360.00	8292	2.30
	沈阳	582.59	19021	3.26
	长春	416.07	16967	4.08
	哈尔滨	506.63	15587	3.08
	南京	678.85	11164	1.64
	杭州	603.72	10904	1.81
	合肥	413.76	8925	2.16
	济南	360.38	8357	2.32

❶本节中未做特别说明的数据均取自《中国城市客运发展报告(2013)》。中心城市各项指标数据由城市客运交通运输主管部门负责组织本级管辖范围内的出租汽车经营业户填报，并审核汇总后上报。

续上表

市区人口规模	城市	市区人口（万人）	出租汽车保有量	
			总量（辆）	平均千人拥有出租汽车数量（辆/千人）
300万～1000万	郑州	777.08	10608	1.37
	武汉	954.48	16597	1.74
	长沙	316.53	6915	2.18
	南宁	328.11	5970	1.82
	成都	609.06	15826	2.60
	贵阳	338.72	8070	2.38
	昆明	504.11	8135	1.61
	西安	659.17	13232	2.01
	石家庄	306.14	6823	2.23
	乌鲁木齐	304.51	12188	4.00
	宁波	312.30	4627	1.48
	大连	323.20	10693	3.31
	青岛	366.44	9564	2.61
	厦门	404.95	4962	1.23
100万～300万	呼和浩特	223.81	5568	2.49
	福州	242.56	5774	2.38
	南昌	248.45	5210	2.10
	海口	266.67	2710	1.02
	兰州	216.57	7410	3.42
	西宁	140.98	5516	3.91
	银川	129.37	5364	4.15
<100万	拉萨	58.00	1160	2.00
36个中心城市总计		21878.80	476243	2.18

我国36个中心城市出租汽车年客运量、出租汽车客运量占市区城市客运总量的比例（含城市客运轮渡，以下简称“城市客运分担率”）、里程利用率、每车日均行驶里程等市场运行情况的基本数据见表3-2。

中心城市2013年出租汽车市场运营数据　　表3-2

市区人口规模	城　市	年客运量（万人次）	城市客运分担率（%）	里程利用率（%）	每车日均行驶里程（km）
>1000万	北京	69946	8.00	68.0	240.22
	上海	107615	17.06	63.6	345.73
	重庆	82774	24.04	75.2	469.00
	深圳	43230	12.17	65.8	454.83
	广州	76739	13.93	71.1	394.67
300万～1000万	天津	37102	18.74	60.0	290.16
	沈阳	51030	27.59	69.0	386.85
	长春	70750	46.87	75.1	379.93
	哈尔滨	49094	29.02	69.7	327.13
	南京	28064	15.72	64.3	329.61
	杭州	31812	18.36	68.8	383.09
	济南	18472	18.13	62.9	291.34
	郑州	29457	22.19	75.0	241.14
	武汉	41988	19.08	70.9	440.55
	太原	19104	26.62	71.0	318.78
	成都	38134	16.93	67.5	367.31
	昆明	21654	20.15	70.7	267.71
	西安	46677	20.17	69.3	402.34
	大连	42409	27.05	86.8	393.12
	厦门	17496	15.79	68.9	444.80
	乌鲁木齐	25851	22.70	70.7	347.88
	合肥	30159	30.85	74.1	403.40
	南宁	15848	22.44	71.5	304.70
100万～300万	石家庄	22925	26.42	65.0	346.41
	呼和浩特	9720	21.15	74.6	355.24
	福州	23752	27.15	68.8	383.52
	南昌	18935	23.88	59.4	385.95

续上表

市区人口规模	城市	年客运量（万人次）	城市客运分担率（%）	里程利用率（%）	每车日均行驶里程（km）
100万~300万	长沙	30160	28.97	69.1	432.81
	海口	8302	22.01	66.9	379.19
	贵阳	38972	36.19	80.0	290.80
	兰州	23575	23.65	76.9	323.98
	西宁	18838	31.54	85.6	315.62
	青岛	25495	20.67	64.7	436.62
	宁波	12781	21.18	69.3	389.80
	银川	19658	39.74	76.7	343.44
<100万	拉萨	6619	46.45	75.3	550.99
36个中心城市平均		—	23.8	70.6	365.52

二、中心城市出租汽车在全国的市场地位分析

我国36个中心城市（包括直辖市、省会城市、计划单列市）2013年共有出租汽车47.6万辆，占全国城市出租汽车总量的35.4%，较2012年增长2.6%，如图3-1所示。

36个中心城市2013年出租汽车从业人员共有105.1万人，占全国出租汽车从业人员的40.2%，较2012年增长5.6%，如图3-2所示。

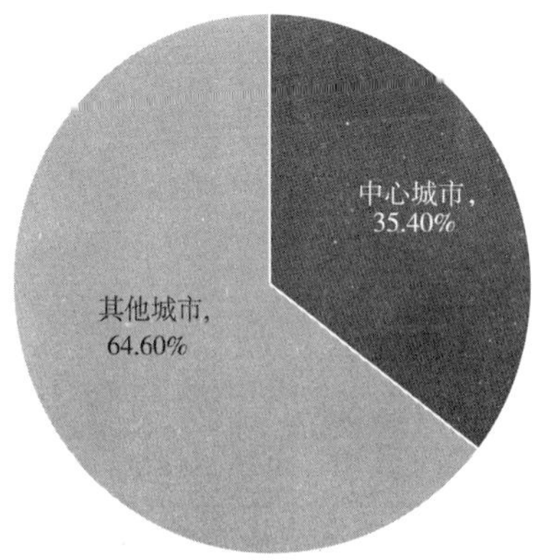

图3-1　中心城市2013年出租汽车车辆数占全国比例

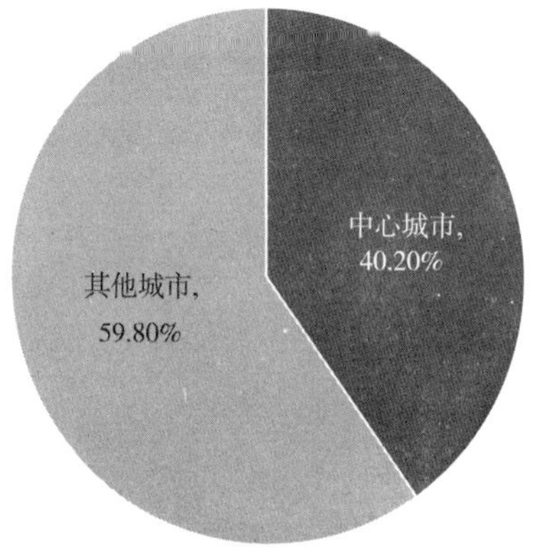

图3-2　中心城市2013年出租汽车从业人员占全国比例

36 个中心城市 2013 年出租汽车共完成客运量 125.5 亿人次，占全国出租汽车客运总量的 31.0%，较 2012 年增长 1.5%，如图 3-3 所示。

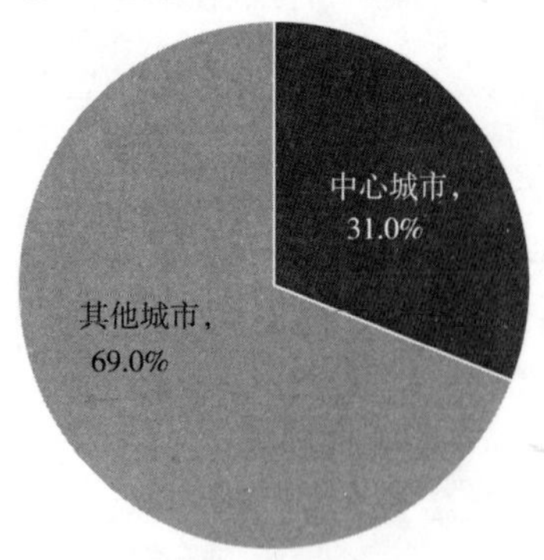

图 3-3　中心城市 2013 年出租汽车客运量占全国比例

中心城市的出租汽车市场规模及区域影响力，决定了中心城市出租汽车行业规范、健康发展对各地城市具有标杆与引领作用。

三、中心城市出租汽车的客运分担率分析

2013 年 36 个中心城市出租汽车的平均城市客运分担率为 23.8%，客运分担率最大的是长春，占 47.87%，其次是拉萨，占 46.45%；客运分担率最小的是北京，仅占 8%。出租汽车城市客运分担率小于 15% 的有 3 个城市，且总体呈下降趋势；介于 15% ~25% 之间的有 20 个城市，分担率变化有增有减；介于 25% ~35% 之间的有 9 个城市，大于 35% 的有 4 个城市，分担率均有增有减。各城市出租汽车客运分担率排名见表 3-3 和图 3-4。

中心城市 2013 年及 2012 年出租汽车城市客运分担率排名情况　　表 3-3

城市客运分担率区间	城市	2013 年城市客运分担率(%)	2012 年城市客运分担率(%)
出租汽车占城市客运分担率小于 15% 的城市	北京	8.00	8.40
	深圳	12.17	11.75
	广州	13.93	14.61
出租汽车占城市客运分担率为15% ~25% 的城市	南京	15.72	16.23
	厦门	15.79	16.90
	成都	16.93	17.36
	上海	17.06	17.41
	济南	18.13	18.72
	杭州	18.36	21.61
	天津	18.74	21.93
	武汉	19.08	18.72
	昆明	20.15	21.72

续上表

城市客运分担率区间	城市	2013 年城市客运分担率(%)	2012 年城市客运分担率(%)
出租汽车占城市客运分担率为15%~25%的城市	西安	20.17	21.04
	青岛	20.67	19.96
	呼和浩特	21.15	19.62
	宁波	21.18	19.60
	海口	22.01	20.82
	郑州	22.19	23.14
	南宁	22.44	20.95
	乌鲁木齐	22.70	20.68
	兰州	23.65	24.99
	南昌	23.88	24.26
	重庆	24.04	27.01
出租汽车占城市客运分担率为25%~35%的城市	石家庄	26.42	26.39
	太原	26.62	25.19
	大连	27.05	28.08
	福州	27.15	24.18
	沈阳	27.59	29.68
	长沙	28.97	27.10
	哈尔滨	29.02	29.52
	合肥	30.85	30.14
	西宁	31.54	32.87
出租汽车占城市客运分担率超过35%的城市	贵阳	36.19	33.80
	银川	39.74	42.79
	拉萨	46.45	48.22
	长春	46.87	46.77

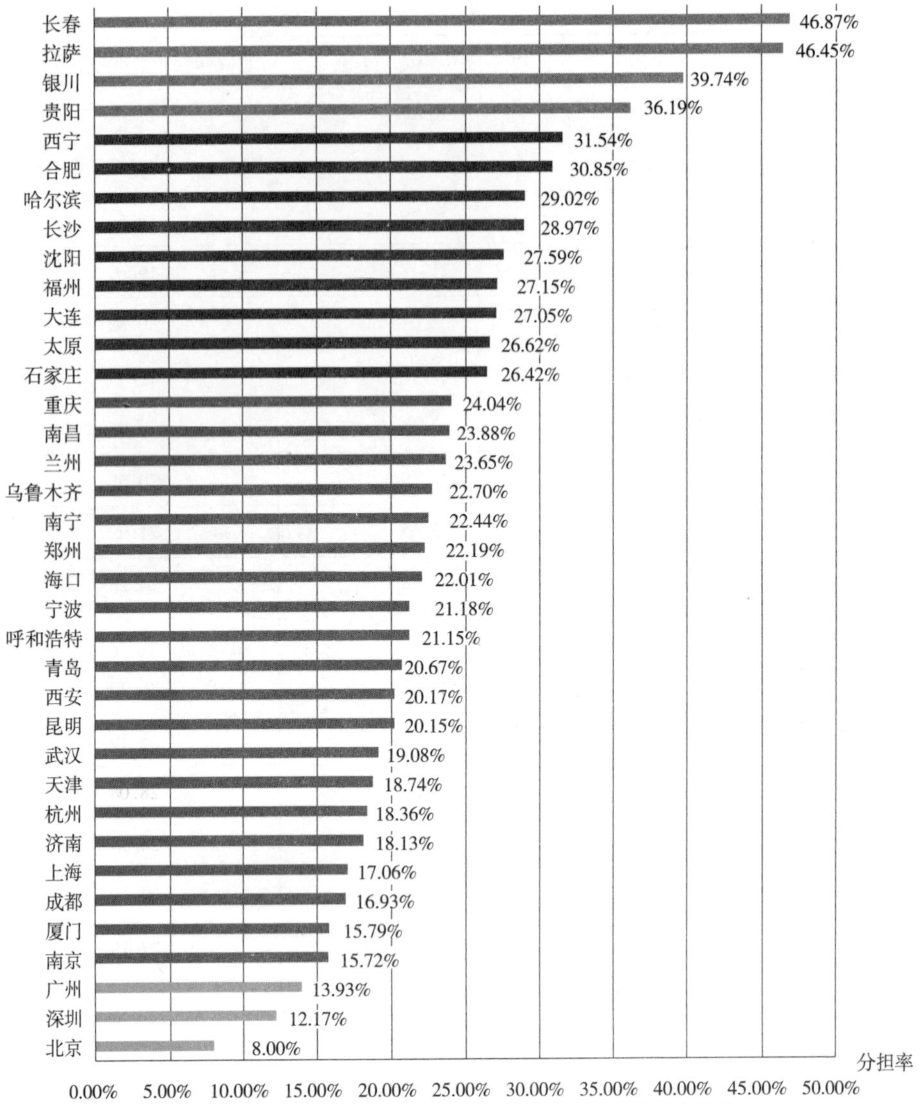

图 3-4　中心城市 2013 年出租汽车的城市客运分担率排名情况

根据 2013 年中心城市出租汽车年客运量及《2012 年中国城市年鉴》公布的中心城市市区人口数据，可计算得出每个中心城市的出租汽车年人均乘坐次数，其中，出租汽车年人均乘坐次数最多的是长春，最小的是海口。大于 120 次的城市有 4 个，介于 75 ~ 120 次的城市有 9 个城市，小于 75 次的有 23 个城市。详见表 3-4及图 3-5。

中心城市2013年出租汽车年人均乘坐次数排名情况 表3-4

年人均乘坐次数区间	城市	年人均乘坐次数(次/年·人)
出租汽车年人均乘坐次数大于120次/年·人的城市	长春	170.04
	银川	151.95
	西宁	133.62
	大连	131.22
出租汽车年人均乘坐次数为75～120次/年·人的城市	贵阳	115.06
	拉萨	114.12
	兰州	108.86
	福州	97.92
	哈尔滨	96.90
	长沙	95.28
	沈阳	87.59
	乌鲁木齐	84.89
	南昌	76.21
出租汽车年人均乘坐次数小于75次/年·人的城市	石家庄	74.88
	合肥	72.89
	西安	70.81
	青岛	69.57
	成都	62.61
	广州	57.54
	太原	53.07
	杭州	52.69
	济南	51.26
	南宁	48.30
	上海	44.56
	武汉	43.99
	呼和浩特	43.43
	厦门	43.21
	昆明	42.95
	南京	41.34
	天津	41.13

续上表

年人均乘坐次数区间	城　　市	年人均乘坐次数(次/年·人)
出租汽车年人均乘坐次数小于75次/年·人的城市	宁波	40.93
	深圳	40.67
	重庆	39.47
	郑州	37.91
	北京	33.07
	海口	31.13

长春 170.04
银川 151.95
西宁 133.62
大连 131.22
贵阳 115.06
拉萨 114.12
兰州 108.86
福州 97.92
哈尔滨 96.90
长沙 95.28
沈阳 87.59
乌鲁木齐 84.89
南昌 76.21
石家庄 74.88
合肥 72.89
西安 70.81
青岛 69.57
成都 62.61
广州 57.54
太原 53.07
杭州 52.69
济南 51.26
南宁 48.30
上海 44.56
武汉 43.99
呼和浩特 43.43
厦门 43.21
昆明 42.95
南京 41.34
天津 41.13
宁波 40.93
深圳 40.67
重庆 39.47
郑州 37.91
北京 33.07
海口 31.13
0.00 20.00 40.00 60.00 80.00 100.00 120.00 140.00 160.00 180.00
年人均乘坐次数(次/年·人)

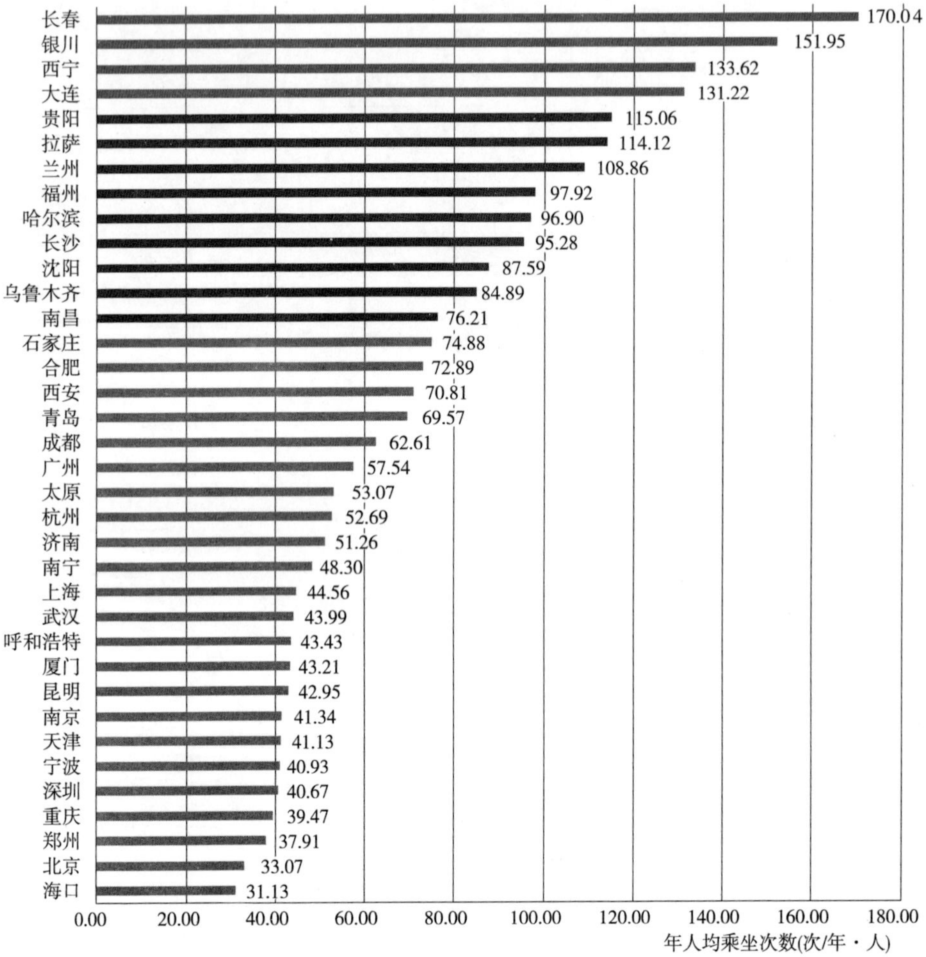

图3-5　中心城市2013年出租汽车年人均乘坐次数

四、中心城市的出租汽车人均拥有量分析

36个中心城市2013年的出租汽车平均拥有量为2.37辆/千人❶，其中平均千人拥有出租汽车数量最多的是银川，高达4.15辆/千人，最少的是重庆，仅有0.82辆/千人，详见表3-5。

中心城市2013年平均千人拥有出租汽车数量排名情况 表3-5

分 类	城市名称	平均千人拥有出租汽车数量(辆/千人)
小于2辆/千人（12个城市）	重庆	0.82
	海口	1.02
	厦门	1.23
	郑州	1.37
	宁波	1.48
	深圳	1.50
	广州	1.61
	昆明	1.61
	南京	1.64
	武汉	1.74
	杭州	1.81
	南宁	1.82
2~3辆/千人（14个城市）	拉萨	2.00
	西安	2.01
	上海	2.10
	南昌	2.10
	合肥	2.16
	长沙	2.18
	石家庄	2.23
	太原	2.30
	济南	2.32
	贵阳	2.38
	福州	2.38

❶根据《中国城市建设统计年鉴(2013)》中市区人口数量进行计算。

续上表

分　类	城市名称	平均千人拥有出租汽车数量(辆/千人)
2~3辆/千人 (14个城市)	呼和浩特	2.49
	成都	2.60
	青岛	2.61
3辆以上/千人 (10个城市)	哈尔滨	3.08
	北京	3.17
	沈阳	3.26
	大连	3.31
	兰州	3.42
	天津	3.54
	西宁	3.91
	乌鲁木齐	4.00
	长春	4.08
	银川	4.15

五、中心城市出租汽车的里程利用情况分析

36个中心城市出租汽车的平均里程利用率为70.6%。其中,里程利用率在70%以下的有济南等19个城市,70%~80%的有乌鲁木齐等14个城市,超过80%的有贵阳等3个城市,详见表3-6。

中心城市2013年出租汽车的里程利用率排名情况　　表3-6

里程利用率区间	城　市	里程利用率(%)	每车日均行驶里程(km)
70%以下	南昌	59.4	385.95
	天津	60.0	290.16
	济南	62.9	291.34
	上海	63.6	345.73
	南京	64.3	329.61
	青岛	64.7	436.62
	石家庄	65.0	346.41
	深圳	65.8	454.83

续上表

里程利用率区间	城　　市	里程利用率(%)	每车日均行驶里程(km)
70%以下	海口	66.9	379.19
	成都	67.5	367.31
	北京	68.0	240.22
	福州	68.1	383.52
	杭州	68.8	383.09
	厦门	68.9	444.80
	沈阳	69.0	386.85
	长沙	69.1	432.81
	宁波	69.3	389.80
	西安	69.3	402.34
	哈尔滨	69.7	327.13
70%～80%	乌鲁木齐	70.7	347.88
	昆明	70.7	267.71
	武汉	70.9	440.55
	太原	71.0	318.78
	广州	71.1	394.67
	南宁	71.5	304.70
	合肥	74.1	403.40
	呼和浩特	74.6	355.24
	郑州	75.0	241.14
	长春	75.1	379.93
	重庆	75.2	469.00
	拉萨	75.3	550.99
	银川	76.7	343.44
	兰州	76.9	323.98
80%以上	贵阳	80.0	290.80
	西宁	85.6	315.62
	大连	86.8	393.12

六、中心城市出租汽车票价水平分析

截至2012年，北京、上海、广州、深圳等一线城市，巡游出租汽车起步价均在10元以上，而在武汉、长春等出租汽车使用率较高的城市，起步价格较低。以打车10km所需费用测算，一线城市的出租汽车运价占城市居民人均月可支配收入的比例约为1%；海口、哈尔滨、南昌、南宁、拉萨、乌鲁木齐、兰州等城市相对较高，超过1.2%；济南、呼和浩特、沈阳、西安等城市相对较低，少于0.8%。2012年中心城市出租汽车运价情况详见表3-7。

中心城市2012年出租汽车的运价水平排名情况 表3-7

城　市	起步价（元）	基本单价（元/km）	起步公里（km）	燃油附加费（元）	打车10km所需费用（元）	年城镇居民人均可支配收入（元）	占城市居民月可支配收入比（%）
济南	8	1.2	3	0	16.4	32560	0.60
呼和浩特	6	1.3	2	1	17.4	32350	0.65
西安	6	1.5	2	1	19	29982	0.76
沈阳	8	1.2	3	1	17.4	26430	0.79
长沙	8	1.8	3	0	20.6	30400	0.81
天津	8	1.7	3	0	19.9	29626	0.81
武汉	8	1.6	2	1	18.6	27000	0.83
南京	9	2.4	3	0	25.8	36700	0.84
合肥	8	1.2	2.5	1	18	25400	0.85
上海	14	2.4	3	0	30.8	40188	0.92
郑州	8	1.5	3	0	18.5	24246	0.92
银川	7	1.4	3	0	16.8	21900	0.92
广州	10	2.6	2.5	0	29.5	38108	0.93
福州	10	1.6	3	1.5	22.7	29400	0.93
石家庄	5	1.6	2	0	17.8	23038	0.93
成都	8	1.9	3	0	21.3	27194	0.94
杭州	11	2.5	3	2	30.5	37511	0.98
北京	13	2.3	3	1	30.1	36469	0.99

续上表

城　市	起步价（元）	基本单价（元/km）	起步公里（km）	燃油附加费（元）	打车10km所需费用（元）	年城镇居民人均可支配收入（元）	占城市居民月可支配收入比（%）
太原	8	1.6	3	0	19.2	22587	1.02
西宁	6	1.3	3	0	15.1	17633	1.03
长春	5	1.9	2.5	1	20.25	23089	1.05
昆明	8	1.8	3	2.5	23.1	25706	1.08
重庆	8	1.8	3	0	20.6	22968	1.08
贵阳	8	1.6	3	1	20.2	22525	1.08
南昌	6	1.9	2	1	22.2	23602	1.13
南宁	7	1.6	2	2	21.8	22561	1.16
哈尔滨	8	2	3	1	23	22500	1.23
乌鲁木齐	10	1.3	3	0	19.1	18385	1.25
拉萨	10	2	5	0	20	18996	1.26
海口	10	2	3	0	24	22331	1.29
兰州	10	1.4	3	0	19.8	18443	1.29

第二节　市场关键要素分析

一、中心城市出租汽车经营模式分析

1. 公司化经营

公司化经营模式下，出租汽车经营权与车辆所有权均为出租汽车企业所有（俗称两权归企）。公司化经营是当前国务院交通运输主管部门鼓励支持的出租汽车经营模式。公司化经营又可细分为员工制（又称公车公营）与承包经营制两种类型。公司化经营模式涉及的主要利益群体有法人企业与出租汽车驾驶员。员工制模式下的利益群体相对简单。合肥、大连、兰州等城市主要采用这种模式。

2. 挂靠经营

挂靠经营模式下，拥有出租汽车经营权与车辆所有权的车主或仅拥有车辆所有权的车主,每月向挂靠的出租汽车企业缴纳数额固定的挂靠管理费,车主再自己运营或转包他人运营。挂靠经营的主要利益群体比较复杂,包括出租汽车企业、车主、承包经营者(包括转包者)、承包经营者聘用的驾驶员等,利益链条长,经营权流转成本高。目前,深圳、贵阳、杭州等城市有部分出租汽车采用该种模式经营。

3. 个体经营

个体经营分为完全个体化模式和个体经营业户模式。

完全个体化模式是指车主个人出资购买出租汽车经营权和车辆产权,车辆登记名及经营权登记名均系车主个人。这种模式下,车主本人通常不从事经营,多是挂靠某家出租汽车公司缴一定的管理费,然后再自己将经营权与车辆承包给出租汽车驾驶员经营,通过向出租汽车驾驶员收取承包费获取收益。

个体经营业户模式是指驾驶员个人拥有出租汽车经营权和车辆产权,直接向政府相关部门登记后个体独立运营,并接受本地交通运输管理部门管理,拥有独立的工商、税务登记手续,个体运营、个体纳税。这种模式下,驾驶员即车主,由于不存在出租汽车及经营权所有者与驾驶员之间的承包或聘用关系,因而利益主体最简单。由于我国个体经营绝大多数都不是自己运营,部分城市甚至存在层层转包的现象,实际上,目前的个体经营与挂靠经营模式类似,利益主体较多,利益链条较长。目前,上海、北京、天津等15个城市还有一定数量的个体经营户。由于绝大多数中心城市的政策走向是鼓励公司化经营,因而除了历史形成的出租汽车存量中有个体模式外,出租汽车增量中极少再有个体经营户。

二、中心城市出租汽车职业吸引力分析

近年来,由于燃油价格、保险费用等运营成本不断上升,多数中心城市的出租汽车驾驶员的收入水平增长未能实现与经济社会发展同步。以北京为例,该市出租汽车驾驶员月均收入从2007年的4056元增长到2011年的4676元,但与当地社会平均工资变化相比,驾驶员收入由2007年高于社会平均工资22%下降到2011年与社会平均工资基本持平。据抽样调查,中心城市出租汽车驾驶员的收入水平基本与社会平均工资持平,但多数城市均未考虑出租汽车驾驶员的工作强度以及是否有基本社会保障等因素。收入水平的相对下降,一定程度降低了出租汽车驾驶员职业吸引力。据调查,北京市2011年报考出租汽车驾驶员从业资格证者仅有6000余人,较2007年高峰阶段的1.8万人减少了2/3。北京市出租汽车行业开始出现"招工难"现象,部分企业不得已将双班拆分为单班,以避免车辆停运。36个中心城市中,一些城市对出租汽车从业人员有户籍限制,如南京、北京等,这些城市

的出租汽车从业人员主要是该城市郊区户籍人口。一些城市对出租汽车从业人员没有户籍限制，如深圳、广州等，从业人员结构较为复杂，以广州为例，从业人员中，广州本市户籍，广东本省户籍以及周边外省户籍的从业人员各占1/3。

三、中心城市出租汽车的主要服务方式分析

在巡游出租汽车和约租车的互联网招租服务（滴滴专车、快的专车、神舟专车、Uber等）出现之前，中心城市出租汽车基本全部是巡游出租汽车，预约出租汽车的服务方式主要有两种，一种是由汽车租赁企业提供包车服务；另一种是汽车租赁企业负责提供具有运营资质的租赁车辆，再通过第三方劳务机构委派驾驶员的方式提供服务。巡游服务方式是中心城市的主流方式，巡游服务完成的客运量占出租汽车客运总量的90%以上，其余的主要是电召服务和极少部分的预约服务。

2012年以来，交通运输部加强了推进出租汽车电召服务的指导，在此期间，绝大多数城市政府或企业建立了电召平台，开展了电召服务。

上海经验：上海的出租汽车电召服务走在了全国的前列。目前，上海有3万多出租汽车具有电召功能，上海强生、上海大众等出租汽车龙头企业建立了企业出租汽车电召平台，大众现在已经能做到市中心电调范围100m以内，10s反馈车牌号，5min到达，有效提高了出租汽车的运输组织效率，对促进出租汽车市场的健康有序发展发挥了积极的作用。

四、中心城市出租汽车信息化应用水平

为鼓励信息技术在出租汽车中的应用，交通运输部组织开展了城市出租汽车服务管理信息系统试点工作。北京、石家庄、大连、哈尔滨、泰州、杭州、宣城、潍坊、郑州、深圳、重庆、成都、昆明、西安、兰州等地级以上城市，试点开展了城市出租汽车服务管理信息系统工程建设。试点工作的实施，在加强出租汽车行业科学和规范管理、提高运输效率、保障运营安全、减少城市拥堵、促进节能减排、提升服务水平等方面正在发挥越来越明显的作用。

深圳经验：深圳市交通运输委员会以获批成为交通运输部全国首批“出租汽车服务管理系统”试点城市为契机，加快推进出租汽车行业智能化建设，构建了出租汽车运营、服务、经济、监管、驾驶员动态等五大指标体系，开发了出租汽车GPS统一监控平台、失物招领平台和统一电召平台，把信息化作为加强出租汽车行业监管、提升出租汽车服务水平的重要手段，以及作为行业管理决策和制定出台政策的重要依据，行业管理正由定性管理向定量管理、粗放式管理向精细化管理转变，实

现了出租汽车行业管理模式的创新。具体做法以下八个方面。

(1)通过车载 GPS 平台,采集驾驶员 IC 卡数据,每月统计分析驾驶员日均营业额、日均载客次数、日均行驶里程、日均载客里程、里程利用率等,建立营运指标体系,及时掌握驾驶员营收水平。

(2)每月统计车辆营运违章、投诉情况,大力开展双满意度调查(驾驶员对所在企业满意度、乘客对出租汽车企业满意度的调查),建立服务指标体系,及时掌握企业和驾驶员的服务质量和水平。

(3)每月测算各类出租汽车营运牌照的费用与利润,建立经济指标体系,全面掌握企业利润水平。

(4)完善出租汽车维稳风险预警指标体系。确定了日均“红的”、“绿色”营收预警线,里程利用率运力投放参考线,每月“红的”、“绿色”驾驶员收入保障线。

(5)每月汇总驾驶员岗位变动情况、驾驶员中途退车记录和人才交流中心信息,建立驾驶员动态指标体系,进一步加强驾驶员管理。

(6)将全市出租汽车行业所有 GPS 平台全面接入深圳市交通运输委员会总值班室和深圳市综合交通运行指挥中心,通过全市统一的出租汽车卫星定位应用平台,对出租汽车实施 24h 全面监控,实时统计分析驾驶员营收状况。一旦发生异常情况,可以通过 GPS 平台实时预警并锁定车辆,促进出租汽车行业服务监管、安全保障、应急协同和维稳。

(7)成立信息咨询服务中心,建立失物招领平台,方便乘客的咨询、投诉和寻找失物(自 2011 年 5 月底以来,共受理乘客报失案件 27893 宗,为乘客找回物品 6928批)。

(8)加快建立全市出租汽车统一电召平台,加快建设智慧电召,减少空驶率,推进出租汽车向节能减排、低碳交通、绿色交通方向发展。

第三节　出租汽车行业现行的政策法规梳理

一、国家层面的政策法规

(1)《城市出租汽车管理办法》(建设部 公安部 1998 年第 63 号令)。该文件对城市出租汽车规划、经营、管理和服务进行了规定,是对我国城市出租汽车行业管理具有重大影响的最早一部部门规章。根据这部规章中有关“城市出租汽车经营权可以实行有偿出让和转让”的规定，许多城市出台了出租汽车经营权有偿出让的地方政策，出租汽车经营权非法转让现象一度盛行。

(2)《关于进一步规范出租汽车行业管理有关问题的通知》(国办发〔2004〕81号)。该文件针对出租汽车行业快速发展中存在的问题，提出了认真清理出租汽车经营权有偿转让、完善价格调节机制、保障从业人员合法权益、严厉打击非法营运等要求，明确了所有城市一律不得新出台出租汽车经营权有偿转让政策。在规范出租汽车经营秩序、打击无证非法营运、减轻驾驶员负担、建立行业稳定机制方面取得了一定成效。

(3)《关于进一步加强管理促进出租汽车行业健康发展的通知》(国办发〔2008〕125号)。该文件提出了规范出租汽车企业的经营管理，切实维护出租汽车驾驶员的合法权益，进一步整顿出租汽车市场秩序，切实维护出租汽车行业稳定的要求。但由于管理体制不顺、行业定位不清晰、法规滞后等原因，出租汽车行业深层次问题没有得到根本解决。

(4)《出租汽车服务质量信誉考核办法(试行)》(交运发〔2011〕463号，以下简称《办法》)。《办法》是2011年交通运输部颁布的部门规章，《办法》从出租汽车服务诚信入手，狠抓出租汽车服务质量，建立服务质量考核制度，主要有以下三个方面。

①建立科学考核体系。此次出台的《办法》，对出租汽车企业和驾驶员服务质量信誉考核评级、指标、内容、标准、奖惩措施等进行了规定，设定了优良、合格、基本合格和不合格4个等级，目的是建立出租汽车服务诚信体系，规范企业管理，提升驾驶员服务质量。

②鼓励企业向好发展。《办法》将出租汽车经营权配置与服务质量信誉考核结果联系起来，坚持驾驶员服务质量信誉考核结果与企业服务质量信誉考核挂钩，建立奖优罚劣的机制，要求企业履行好主体职责，切实提高服务质量，不断提高竞争力，最终实现做大做强。

③树立驾驶员模范典型。《办法》对出租汽车驾驶员有见义勇为、救死扶伤、拾金不昧等先进事迹的，给予加分奖励。同时，对AAA级出租汽车驾驶员进行表彰奖励。

(5)《出租汽车驾驶员从业资格管理规定》(交通运输部令2011年第13号，以下简称《规定》)。《规定》是交通运输部颁布的部门规章，自2012年4月1日起施行。《规定》是在交通运输行业第一个建立考试、注册、继续教育和从业管理四项从业资格制度的部门规章，与国外发达国家从业资格管理制度实现了完全接轨。《规定》主要建立了四项制度、解决四个问题、严把四道关口：即通过考试制度,解决出租汽车驾驶员入门问题,把好准入关;通过注册制度,解决一次考试终身有效问题,把好动态管理关;通过继续教育制度,解决运营服务、安全知识和各项技能更新问题,把好素质关;通过从业管理制度,解决从业行为问题,把好监督关。

(6)《关于在出租汽车行业开展和谐劳动关系创建活动的通知》(交运发〔2012〕13号)。2012年2月交通运输部联合人力资源和社会保障部、全国总工会联合下发该文件。在文件精神指导下,各级政府及交通运输部门采取了一系列有针对性的措施加强出租汽车行业稳定发展和规范管理工作,经过各方努力,出租汽车行业稳定发展的局面基本形成,具备了进入了规范发展新阶段的基本条件。

(7)《国务院关于实施成品油价格和税费改革的通知》(国发〔2008〕37号,以下简称《通知》)等成品油价格改革相关政策。根据《通知》和《关于成品油价格和税费改革后进一步完善种粮农民部分困难群体和公益性行业补贴机制的通知》(财建〔2009〕1号)的有关规定,由中央财政继续对种粮农民、部分困难群体和公益性行业给予油价补助支持。其中,城市出租汽车驾驶员纳入油价补贴的范围和对象。《通知》要求,"各地进一步完善价格联动机制,根据油价变动情况,通过法定程序,尽快调整运价或燃油附加。在运价调整前,中央财政给予临时补贴"。

据2012年数据统计,油价补贴资金占出租汽车燃油成本的比例达20%～30%,占驾驶员收入比例超过20%。油价补贴制度不仅使250万出租汽车行业从业人员真正得到实惠,同时还承担了保障出租汽车行业方便百姓出行的"兜底"功能;油价补贴制度在每一次成品油涨价窗口对出租汽车行业均发挥了行业稳定器的重要作用,有力地支持和保障了国务院确定的出租汽车行业"先稳定、后规范、再提升"战略部署的贯彻落实,也为保障城市居民便捷出行以及城市绿色交通系统建设做了积极贡献。

(8)《出租汽车经营服务管理规定》(交通运输部令2014年第16号),《出租汽车经营服务管理规定》是交通运输部部门规章。该规定包括总则、经营许可、运营服务、运营保障、监督管理、法律责任和附则等7章,共54条。第一章总则明确了适用范围、行业发展定位及发展方向、职责分工;第二章经营许可明确了出租汽车经营许可条件和程序,车辆经营权配置、期限、变更及到期延续管理,经营协议签订,预约出租汽车许可等;第三章运营服务对出租汽车经营者的经营行为、设施设备的配备要求、服务标准以及行为准则做出要求;第四章运营保障明确了交通运输主管部门在出租汽车服务设施建设、运价制定及调整等方面的职责,经营者规范经营管理、保障驾驶员合法权益等要求;第五章监督管理明确了主管部门等对出租汽车经营服务的监督检查职责和义务等;第六章法律责任主要明确违法行为的罚则;

第七章附则明确相关概念的定义等。《出租汽车经营服务管理规定》是自《城市出租汽车管理办法》(建设部、公安部1998年第63号令)之后,出租汽车行业管理最为具体的部门规章。

二、地方层面的政策法规

根据国家有关政策法规确定的原则,部分省级人民代表大会颁布了出租汽车管理的地方性法规,如《陕西省出租汽车客运管理条例》、《湖北省出租汽车客运管理办法》、《浙江省道路运输条例》(第十三至十七条为出租汽车管理相关内容)等。但是,由于城市政府是出租汽车行业管理的责任主体,所以大部分省级出租汽车管理法规或规章条款都相对是基本原则。因此,所有中心城市都依据本省的上位法规制定了本市的有关出租汽车管理的地方性法规和政策性文件,明确了城市出租汽车行业的具体管理规定。如《杭州市客运出租汽车管理条例》规定杭州全市客运出租汽车发展根据社会需求和城市道路交通状况,由杭州市政府统一下达计划额度,实行总量控制,客运出租汽车在市内的经营权通过竞投等方式实行有偿使用,有偿使用所得用于城市交通基础设施建设等。《深圳经济特区出租小型乘用车管理条例》规定深圳市政府根据城市公共交通事业的发展需要对出租汽车的运力总量实施宏观调控,营运牌照的出让拍卖采取不定期方式进行等。中心城市出租汽车相关政策法规详见表3-8。

中心城市出租汽车相关政策法规一览表 表3-8

行政区划名称	行政法规名称	发布时间(年)
北京	北京市出租汽车管理条例(第二次修正)	2002
天津	天津市客运出租汽车管理条例	2005
上海	上海市出租汽车管理条例	2006
重庆	重庆市出租汽车客运管理暂行办法	2007
南京	南京市公共客运管理条例	2010
石家庄	石家庄市出租汽车管理条例	2010
杭州	杭州市客运出租汽车管理条例	2007
广州	广州市出租汽车客运管理条例	2009
深圳	深圳经济特区出租小汽车管理条例	2004
沈阳	沈阳市客运出租汽车管理办法	2011

续上表

行政区划名称	行政法规名称	发布时间(年)
长春	长春市城市客运出租汽车管理条例	2004
哈尔滨	哈尔滨市城市客运出租汽车管理条例	2010
济南	济南市城市客运出租汽车管理条例	2006
武汉	武汉市城市客运出租汽车管理条例	2004
郑州	郑州市客运出租汽车管理条例	2005
太原	太原市客运出租汽车服务管理条例	2013
成都	成都市客运出租汽车管理条例	2012
昆明	昆明市客运出租汽车管理条例	2008
西安	西安市出租汽车管理条例	2004
大连	大连市客运出租汽车管理条例	2010
厦门	厦门经济特区出租汽车营运管理条例	2005
乌鲁木齐	乌鲁木齐市客运出租汽车管理条例	2004
合肥	合肥市出租汽车管理办法	2008
南宁	南宁市出租汽车客运管理条例	2012
呼和浩特	呼和浩特市客运出租汽车管理条例	2011
福州	福州市客运出租汽车管理办法	2013
南昌	南昌市城市出租汽车管理条例	2002
海口	海口市出租汽车客运管理条例	2011
长沙	城市出租汽车管理办法	1998
贵阳	贵阳市城市出租汽车客运管理规定	1994
兰州	兰州市小型出租汽车客运管理办法	1999
西宁	西宁市出租汽车客运管理条例	2003
青岛	青岛市出租汽车客运管理条例	2006
宁波	宁波市出租汽车客运管理条例	2004
银川	银川市城市客运出租汽车管理条例	1999

数据来源:《地方出租汽车管理法规汇编》等。

第四节　出租汽车行业的典型管理方式分析

2008 年大部制改革后,交通运输部统一负责指导出租汽车行业管理工作。城市政府作为出租汽车行业管理的责任主体,以地方立法形式确定出租汽车管理职责,具体管理工作由城市交通运输主管部门实施。由于出租汽车发展迅猛,出租汽车行业问题较多、影响较大,各中心城市普遍加强了管理力量(大部分城市设有专门管理机构)、改进了管理方式、增加了管理手段,对出租汽车行业实施严格管理。目前,大部分省、市两级地方性法规或规章都明确规定必须对出租汽车行业实行总量控制、经营权管理、费率管理、服务质量与安全管理等。但是,由于各中心城市社会经济及公共交通发展水平不同,出租汽车行业发展阶段不同,城市自然地理和人文环境也各具特色,因此,各城市在出租汽车管理的具体方法也存在差异。

一、出租汽车总量控制

近年来,所有中心城市均实施了较为严格的出租汽车市场规模总量控制。控制的方式大致可以分为两种:一种是以控为主。一些中心城市近五年来没有增加一辆出租汽车,一些城市甚至十几年间都没有增加出租汽车,如北京、天津、长春等。这些城市多为市场发育之初准入管理较松,出租汽车现有规模较大的城市。另一种是调控结合。一些中心城市根据出租汽车市场需求与服务功能定位,采用一定的方法决定新增运力投放的时机、方式和规模,出租汽车总量控制相对科学、有序,如深圳、重庆、成都等。

二、出租汽车经营权许可

目前,中心城市的出租汽车经营权许可方式主要有:有偿招投标(拍卖)、质量信誉招投标、行政审批(条件配给)、有偿拍卖与质量信誉招投标相结合等。根据获得方式与使用权限规定,出租汽车经营权存在有偿使用与无偿使用、有期限使用与无期限使用的差别。

1. 有偿使用与无偿使用

有偿使用是指政府部门通过有偿招投标(拍卖)或有偿招投标与质量信誉招投标相结合等方式授予出租汽车经营权,并收取经营牌照使用费,经营期限到期后再重新拍卖,如呼和浩特、大连、宁波等。无偿使用是指政府部门通过行政审批(条件配给)或质量信誉招投标与行政审批(条件配给)相结合等方式授予出租汽车经营权,如福州、海口等。虽然《关于进一步规范出租汽车行业管理有关问题的通知》(国办发〔2004〕81 号,以下简称《规范管理通知》不允许出台新的经营权有偿使用政策,但延续下来的经营权有偿使用政策仍占有很大的市场份额,不少中心城市目前是经营权有偿使用与无偿使用两种方式共存。

2. 有期限使用与无期限使用

《规范管理通知》发布后中心城市出租汽车的增量部分多规定了 5 ~ 12 年不等的经营期限,但历史遗留的无期限经营权仍占一定比例,很多中心城市都处于两种方式并存的状态。

三、出租汽车经营资质管理

一些中心城市明确规定只有法人企业才能经营出租汽车,多数城市未对经营业户的规模与经济性质作硬性规定。因此,目前中心城市出租汽车行业实际运营模式主要存在企业经营、挂靠经营、个体经营三种。

四、出租汽车定价机制

1. 运价形成机制

目前所有中心城市对出租汽车运营价格都实行政府定价,具体计价办法和标准由城市所在地政府价格主管部门制定,报本级人民政府审查批准。考虑到出租汽车价格的特殊性,各地普遍将出租汽车价格列入了听证目录,在制定或调整价格时,按规定组织召开听证会。总体上看,计费项目主要包括起步价、累进运价、低速或等候收费、空驶费、夜间附加费等。

2. 出租汽车运价与油价联动机制

根据《关于成品油价格和税费改革后进一步完善种粮农民部分困难群体和公益性行业补贴机制的通知》(财建〔2009〕1 号)(以下简称《通知》)要求,成品油价格和税费改革后,对于城市出租汽车"各地进一步完善价格联动机制,根据油价变动情况,通过法定程序,尽快调整运价或燃油附加"。目前,中心城市出租汽车运价与油价联动机制基本建立。在 36 个中心城市中,有 18 个城市在 2006 年实施成品油价格改革后推出了联动机制,13 个城市在 2008 年后按照《通知》要求建立了联动机制,目前尚有 5 个城市正在酝酿建立联动机制,详见表 3-9。

中心城市出租汽车行业运价与油价联动机制建立情况 表3-9

序号	城市	文件名称	备注
1	北京	关于实施出租汽车租价与油价联动机制的通知	2006年5月发布,2009年11月修订,2013年再次修订完善
2	上海	关于本市建立出租汽车运价油价联动机制的通知	2006年9月发布,2011年6月修订完善
3	重庆	重庆市物价局关于调整主城区出租汽车客运价格有关事项的通知	2014年1月调价,已发布酝酿建设联动机制的信息
4	深圳	关于深圳市出租小汽车油价运价联动机制方案的通知	2007年1月发布
5	广州	关于我市取消出租汽车燃油附加、建立运价与燃料价格联动机制方案	2011年1月发布
6	天津	天津市物价局关于调整出租汽车运价和建立运价与油价联动机制的通知	2006年8月发布
7	沈阳	沈阳市物价局关于调整出租汽车运价的通知	2006年6月发布
8	长春	关于建立道路客运运价与成品油价格联动机制的通知	2006年4月发布
9	哈尔滨	哈尔滨市客运出租汽车行业实行燃油附加与燃油价格联动的方案	2010年4月发布
10	南京	省物价局省建设厅关于建立出租车运价与成品油价格联动机制的通知	2007年11月发布
11	杭州	关于完善杭州市区客运出租汽车行业运价与油价联动机制的通知	2011年9月发布
12	济南	关于济南市实行出租车运油价格联动的通知	2006年7月发布
13	郑州	关于调整我市出租汽车运价和建立运价油价联动机制的通知	2006年发布
14	武汉	出租车营运价格与燃料价格联动机制	2010年11月建立
15	太原	关于建立健全城市出租汽车运价油价联动机制的通知	2006年发布
16	成都	成都市物价局关于建立出租车运价与燃料价格联动机制的通知	2007年12月发布
17	昆明	出租车汽车运价油价联动机制方案	2006年5月建立

续上表

序号	城市	文件名称	备注
18	西安	陕西省物价局、省交通厅关于建立出租汽车、公路客运运价与油价联动机制积极做好运输市场稳定工作的通知	采用陕西省政府相关部门制订的联动机制，2006年6月发布
19	大连	关于开征出租汽车燃油附加费的通知	2012年3月发布
20	厦门	《厦门市人民政府关于建立成品油市场调节机制的实施意见》(厦府〔2006〕220号)	2006年发布
21	乌鲁木齐	燃料与运价联动机制	2013年建立
22	合肥	运价与燃油价格联动机制	2012年建立
23	南宁	关于建立出租汽车运油价格联动机制的通知	2006年发布
24	石家庄	关于建立出租汽车运价与成品油价格联动机制方案	2013年11月发布
25	呼和浩特	—	2010年曾提价，已发布酝酿建立联动机制的信息
26	福州	福州市区客运出租车燃油运价联动预案	2011年发布
27	南昌	南昌市油价运价联动方案	2012年发布
28	长沙	城市公共客运价格与成品油价格联动机制	2006年5月发布
29	海口	出租汽车行业运价与油价联动机制	2006年7月发布
30	贵阳	贵阳市物价局关于调整中心城区出租汽车票价的通知	2010年曾调价，已发布酝酿建立联动机制的信息
31	兰州	2006年甘肃省物价局与甘肃省交通厅《关于建立甘肃省公路客运运价与燃油价格联动机制的通知》	现采用政府相关部门制定的联动机制，2006年发布，目前拟建立本市联动机制
32	西宁	《青海省道路客运运价与燃油价格联动机制方案(修订)》	采用青海省政府相关部门制订的联动机制，2012年发布
33	青岛	(青岛市)关于客运出租车运价与燃油价格实行联动的通知	2006年7月发布
34	宁波	宁波市物价局和市交通委联合发布《关于完善客运出租车运价与油价联动机制的通知》	2006年发布
35	银川	—	2012年曾调价，目前尚未发布拟建立联动机制的信息
36	拉萨	—	正在酝酿建设联动机制

五、从业人员资格管理

交通运输部颁布的《出租汽车驾驶员从业资格管理规定》第三条规定:“国家对从事出租汽车客运服务的驾驶员实行从业资格制度”,并具体规定了出租汽车驾驶员考试、注册、继续教育、从业资格证管理等内容。目前,中心城市出租汽车从业人员资格管理主要参照该规定执行,管理方式差异不大。

六、出租汽车服务质量管理

交通运输部颁布的《出租汽车服务质量信誉考核办法(试行)》具体规定对出租汽车企业和驾驶员的服务质量信誉考核要求。在实践中,出租汽车服务质量与安全管理模式大致可以分为两种:一是行业管理部门监管企业、企业监管驾驶员的模式。目前多数中心城市均采用这种模式,即对出租汽车服务质量与安全的监管主要依靠企业承担,辅之以行业管理部门执法巡逻、乘客举报等方式。二是行业管理部门依法履行对企业和从业人员服务质量与安全运营的监管职能。此种模式主要运用于交通运输部门行政管理执行力较强、信息化管理水平较高的中心城市,深圳、成都是此种管理模式的代表。目前,深圳已初步实现了对出租汽车驾驶员日常运营情况(包括运营路线、运营里程、全天收入、车况等)的动态监管。

第五节 出租汽车行业存在的主要问题与成因

一、行业相关主体反映的困难与问题

通过对东中西部地区典型城市广州、南京、武汉、沈阳、兰州、银川等城市行业管理部门及企业的调研,以及现场与互联网出租汽车驾驶员与乘客调研问卷(详见附录)分析,出租汽车行业乘客、驾驶员、企业等相关主体从自身角度反映了行业存在的问题及自身的困难,汇总梳理的主要问题有以下几个方面:

乘客:普遍反映出租汽车服务水平不高;存在拒载、绕行、不打表、服务态度差等现象;结构性打车难的问题突出;电召服务不可靠;部分地区乘客反映出租汽车运价过高等。

出租汽车驾驶员:除员工制外,绝大多数驾驶员都直接承担了燃料成本变动、上座率变动等市场环境变化带来的经营风险;驾驶员劳动强度大,收入增长与社会平均工资增长不同步;"黑车"太多影响收益;承包费核算不透明不合理;企业收取的承包费未足额用于车辆保险等相应收费科目;出租汽车费率偏低;职业无安全感等。

经营企业:主要反映承包费管制没有合理明确的依据;规定承包费上限后,随着经营成本不断攀升,企业经营压力增大,利润空间下降甚至出现亏损,经营管理的积极性不高;《中华人民共和国劳动合同法》缺乏对劳动关系复杂的出租汽车行业的具体指导;从业人员准入门槛偏低,管理难度大,队伍不稳定;出租汽车驾驶员的职业吸引力下降,企业出现招工难的现象。

城市交通运输主管部门:行业主管部门的责任与权利不对等,媒体、社会公众甚至地方政府本身,均认为交通运输部门是出租汽车行业的主管部门,应该全面承担起对经营者与驾驶员各种行为的规范与管理职责,但是出租汽车市场的费率管制、《中华人民共和国劳动合同法》执行与解释权等重要职能却不属于交通运输主管部门;"黑车"查处、城际间出租汽车服务监管等缺乏国家层面的权威法规指导;来自政府及行业相关主体的压力影响行业主管部门科学决策与依法管理,强化管理经常不得不让位于行业维稳,导致政府权威与公信力下降,形成恶性循环等;行业监管手段落后,监管力量不足等。

二、政府行业管理中存在的主要问题

通过对出租汽车行业各主体反映的问题与困难的分析提炼,与政府及相关部门行业管理职能、管理方式等相关的问题主要有以下五个方面。

(1)国家层面政策法规不完善,行业管理缺乏权威依据。

国家层面对出租汽车行业的政府管理职责、目标和重点缺乏顶层设计和统筹规划。现有的国家政策性文件、部门规章、地方性法规之间在出租汽车经营权管理等重大问题上存在冲突,地方政府有关政策缺乏系统性、连续性与前瞻性,与出租汽车行业的快速发展不适应。具体体现在:《城市出租汽车管理办法》(建设部 公安部1998年第63号令)规定出租汽车的经营权可以有偿出让和转让,《关于进一步规范出租汽车行业管理有关问题的通知》(国办发〔2004〕81号)则明确要求"所有城市一律不得新出台出租汽车经营权有偿转让政策",导致不同时期进入市场的经营业户的投入成本不同,引发了不同利益群体间的矛盾,增加了行业管理的难度。

(2)行业定位不准确,影响行业政策制订与政府职责正确履行。

当前,中心城市普遍存在对出租汽车的行业发展定位过于简单、教条的现象。过多强调出租汽车的经济属性,忽略了出租汽车特定的服务功能特点、外部性与市场特征,对城市经济社会发展环境条件分析不够,与城市交通运输体系的整体目标脱离,与城市公共交通等客运方式缺乏相互协调。出租汽车行业定位不准是导致中心城市出租汽车管理政策与策略出现偏差的根本原因。

(3)缺乏科学合理的价格形成机制。

目前,绝大多数中心城市已建立了出租汽车运价与油价联动机制,但出租汽车经营成本除油价外,还包括车辆折旧费、税费、保险费、员工成本、企业经营管理费用等。目前虽然中心城市已基本建立运价与油价的联动机制,一定程度上缓解了油价上涨带来的运营成本提高,但由于尚未形成合理的运价机制。特别是对驾驶员社会保险、人力资源成本较大幅度提高等问题,仅靠运价与油价联动机制难以消化和解决。

(4)管理理念落后,管理方式粗放。

部分中心城市政府相关部门把维护稳定作为行业的主要目标甚至是唯一目标,对管理方式缺乏改革勇气与创新精神,对出租汽车市场的规模、费率、驾驶员承包费等管理缺乏科学合理的依据,对不同时期、不同准入成本进入出租汽车市场的各类经营主体,缺少科学合理的收入与分配评价方法。行业管理部门普遍存在着过度依赖出租汽车经营企业承担对驾驶员服务质量与安全的监管职责的现象。部分城市相关部门由于对出租汽车市场发展环境变化引起的矛盾应对不及时、应对方法不得当,导致未解决原有的矛盾而又出现新的矛盾。

(5)依法行政难以有效实施。

出租汽车行业多年的发展,不同程度地产生了管制俘虏现象,形成了一些“潜规则”。一些中心城市在保持行业稳定的压力下难以坚持依法行政。如:多数中心城市出租汽车的相关法规规定了出租汽车经营期限,但经营期限到期后却因经营者的强烈抵制而难以收回;规定了出租汽车经营权不能私下倒卖,但出租汽车经营权溢价交易是行业公开的秘密。市场新增运力时,群体性事件时有发生。另外,极个别出租汽车管理部门管理行为不规范,甚至存在权力寻租的现象。

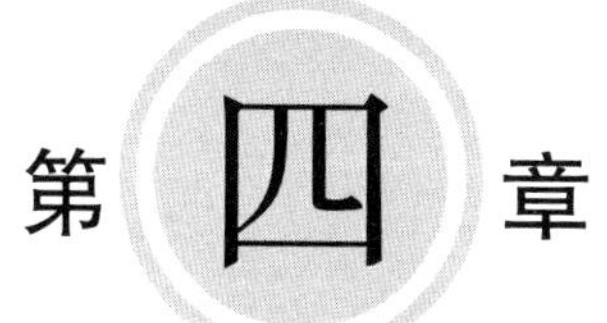

第四章

我国中心城市出租汽车行业发展面临的挑战与机遇

第一节　传统出租汽车行业的各种矛盾急需破解

一、中心城市出租汽车发展面临的各种突出矛盾

由于36个中心城市出租汽车的管理模式不同，发展阶段各异，因此，不同城市在行业发展过程中遭遇的瓶颈问题各有特点，不同城市利益主体间的突出矛盾也存在差异性。随着出租汽车行业外部环境变化及行业自身的不断发展，不同城市类型、不同管理模式下的出租汽车市场，城市政府、企业、驾驶员、乘客等相关主体之间的突出矛盾出现分化，大致可以分为以下几类。

(1)对于上海、南京、北京、兰州等以规范的公司化经营模式为主的城市：驾驶员与企业的矛盾逐步缓和，但企业发展又面临着油价、驾驶员保险、车辆保险等运营成本持续增加，造成的企业利润持续下滑、企业陷入经营困难甚至出现亏损等新问题。

(2)对于以挂靠和个体经营为主的城市，两大矛盾依然突出：一是车主与驾驶员之间因承包费过高、劳动保障不完善引起的矛盾；二是缺乏对从业人员服务质量的严格管理，驾驶员拒载、不按规定路线行驶和使用计价器等服务质量问题较为突出。

(3)对于历史上采取经营权有偿使用、无期限使用的城市，政府行业管理部门面临最突出的问题是出租汽车经营权非法转让现象难以控制，存在潜在风险；无期限使用的经营权缺少退出机制，不利于服务质量管理等。

(4)对于出租汽车运力不足或城市交通拥堵比较严重的城市，乘客与驾驶员的矛盾突出，一方面是因为交通拥堵，驾驶员通常在早晚通勤高峰期停止运营，另一方面，是乘客在早晚高峰期打车难，驾驶员挑客、拒载等。

(5)对于出租汽车数量过多或票价过高的城市，最突出的是出租汽车的合法经营者与“黑车”之间因争夺市场引发的矛盾，如兰州等。

(6)除上述情况外，费率制度不灵活、欠合理，“黑车”非法运营猖獗，是许多中心城市出租汽车市场共性的问题。

二、内外环境压力导致出租汽车经营困难

近年来，部分公司化经营出租汽车企业的经济效益出现持续下滑，企业面临“一增”和“一减”的经营环境压力。“一增”是企业各项成本不断增加。出租汽车

经营成本主要包括燃料费、税费、保险费、车辆折旧费，员工工资、社会保险，企业经营管理费用等。随着经济社会发展，员工社会保险等人力资源成本逐年上涨。根据南京东方出租汽车公司提供的数据，该公司为员工缴纳的社会保险已从2005年的300元上涨到2012年的600元，并将继续以每年10%的幅度上涨；车辆各类保险费也从每年4000元上升到每年6000元。此外，为提升出租汽车服务水平，企业近年来新增了GPS等设备，加大了企业经营成本。“一减”是经营承包费用（份钱）减少。经营承包费用是出租汽车企业的主要收入来源之一。近年来，各地深入推进出租汽车经营承包费用的规范化管理，逐步建立更加科学、合理的利益分配机制。据调研，上海出租汽车行业经营承包费7年已累计下调5次，从1.02万元/人月降至现在的8200元/人月，兰州的经营承包费从最初的5400元/人月，下调到2012年以后的3945元/人月。

兰州案例

根据兰州市交通运输部门提供的“兰州市出租汽车每月费用明细表”（即承租费构成表，俗称份子钱，详见表4-1），3945元的份子钱由各种税金、规费、保险费、车辆折旧费及有偿使用费分摊及企业经营费用构成（注：兰州出租汽车行业由出租汽车驾驶员自行缴纳社会保险）。其中，各种税金上缴国家（约233元），各种规费支付给检测机构（约65元）、各种保险支付给保险公司（约900元），车辆折旧费及有偿使用费分摊系企业已经发生的成本（其中，总计18000元的出租汽车经营权有偿使用费由政府收取），企业真正收取的经营费用为940元，该费用包括企业管理人员工资、办公费用和合理利润等。按兰州市出租汽车企业的说法，目前公司每辆出租汽车实际开支约5800元，公司只收取了承租人3945元的承租费，出租汽车业户实际处于亏损状态，需要其修理厂、驾校等收益进行交叉补贴。

兰州市出租汽车每月费用明细表 表4-1

费用名称		费用(元)	备注
各种税金	营业税	150.00	代收各种税金
	企业所得税	25.00	
	城市维护建设税	10.50	城市维护建设
	教育费附加	4.50	
	车船使用税	40.00	
	价格调节基金	3.00	
	小计	233.00	

续上表

费用名称		费用(元)	备注
各种规费	机动车安全技术检测费	17.18	公安交管部门
	机动车综合性能检测收费	12.50	机动车综合性能检测站
	二级维护费	30.00	有资质的维修企业
	出租汽车计价器检定费	5.42	质量技术监督部门
	小计	65.10	
车辆折旧及有偿使用费分摊	车款及车购税分摊	1145.83	出租车企业
	贷款利息	287.90	
	有偿使用费分摊	375.00	
	小计	1808.73	
各种保险	车辆保险(商业险)	748.95	保险公司
	交强险	150.00	
	小计	898.95	
企业经营费用	企业经营费用	938.72	出租汽车企业
	小计	938.72	
合计		3945.00	

总体而言,随着出租汽车经营成本的逐年上升,出租汽车经营者特别是公司化经营的出租汽车企业将面临越来越大的经营压力。上海市出租汽车行业协会数据显示,2011 年上海出租汽车企业单车月均盈利 892 元,2012 年下降至 654 元,2013 年持续下降至 417 元。随着各项成本的增支和收入的减少,未来几年上海出租汽车企业很有可能出现亏损。近年来,上海已出现部分出租汽车企业通过转让出租汽车经营权来缩减市场份额,未来可能会有一批企业因经营困难退出市场。

三、出租汽车驾驶员职业吸引力下降

随着经济社会的快速发展,CPI 增幅持续上升,但出租汽车驾驶员的收入水平增长未能实现与经济社会发展同步。以北京为例,该市出租汽车驾驶员月均收入从 2007 年 4056 元增长到 2011 年的 4676 元,但与当地社会平均工资变化相比,驾驶员收入由 2007 年高于社会平均工资 22% 下降到 2011 年与社会平均工资基本持平。目前,出租汽车驾驶员职业吸引力持续下降。据调查,北京 2011 年报考出租汽车驾驶员从业资格证者仅有 6000 余人,仅为 2007 年的 1/3。北京市出租汽车行业开始出现“招工难”现象，部分企业不得已将双班拆分为单班，以避免车辆停运。总体上看，出租汽车驾驶员成为劳动强度大、收入水平低的职业，就业吸引力持续下降，不利于行业服务水平提高和行业可持续发展。

四、城市交通拥堵不断加剧降低出租汽车运营效率

随着城市机动化进程的加速，中心城市不同程度出现了交通拥堵情况。城市交通拥堵的不断加剧，对出租汽车行业带来三个不利影响：一是直接增加了燃料消耗，提高了乘客的出行成本。二是降低了运营效率，导致“打车难”矛盾更加突出。三是导致驾驶员服务质量下降，容易出现拒载、挑客、服务态度差等问题。北京在2013年实施调价前，出租汽车驾驶员在高峰时段的小时运营收入比非高峰时段要低22元；在兰州，受交通拥堵影响，出租汽车单车运营里程从2010年前的400~450km/日下降到2012年的300~350km/日，驾驶员收入也随之大幅下降。依据对7个城市出租汽车驾驶员收入影响因素的调查，“交通太拥堵”的百分比均排名第一，比例高达43.4%。其次是“黑车”太多，油价上涨太快。值得深思的是，承包费太高仅排在第四位，紧随其后的是运价太低。

五、完善科学合理的价格形成机制面临多方阻力

由于我国出租汽车运价长期维持在一个较低水平，导致出租汽车的运价调整比较困难。首先，地方政府调整出租汽车运价积极性不高。一是出租汽车运价纳入城市CPI指数统计范畴，出租汽车运价上调将必然加剧CPI指数上涨压力；二是每次出租汽车运价调整，都会引发乘客、企业、驾驶员等利益群体的一轮博弈，给政府维护社会稳定发展带来极大的压力；三是一些城市出租汽车运价上调后“黑车”增加，加大了政府监管的难度。其次，从乘客角度上看，出租汽车运价上涨必然加大出行成本，从自身利益出发，多数城市居民不支持出租汽车涨价。考虑到城市居民经济承受能力有限，出租汽车运价上调后会导致部分客源流失，如果调价不到位，极有可能出现出租汽车驾驶员的收入不仅未增反而下降等情况，容易引发行业不稳定。

六、“互联网+专车”对传统出租汽车行业造成极大冲击

一是当前中心城市的出租汽车乘客普遍对出租汽车服务质量低下及“打车难”极度不满，“互联网+小汽车出行服务”受到热烈欢迎；二是传统出租汽车驾驶员因运营成本攀升等原因收入正处于下降趋势，“互联网+小汽车出行服务”大量

分流客源使传统出租汽车驾驶员雪上加霜；三是“互联网＋小汽车出行服务”有强大的资本力量支持，凭借驾驶员和乘客的“免费体验”吸引和强大的社会舆论支持，快速扩张市场。

第二节 新型城镇化建设要求加快城市交通发展方式转变

为贯彻落实党的十八大及十八届三中全会精神，国务院及有关部门出台了一系列与出租汽车行业发展相关的政策性文件。2012年12月29日出台《国务院关于城市优先发展公共交通的指导意见》（国发〔2012〕64号）：确立公共交通在城市交通中的主体地位。2013年中央经济工作会议：要把生态文明理念和基本原则全面融入城镇化全过程，走集约、智能、绿色、低碳的新型城镇化道路。2013年5月22日交通运输部以大部制改革为契机，印发了《加快推进绿色循环低碳交通运输发展指导意见》：到2020年基本建成绿色循环低碳交通运输体系；截至2013年年底，交通运输部批准37个城市（其中有32个城市是中心城市）成为公交都市创建城市。上述文件的出台，引导了中心城市的科学发展，促进了城市交通发展方式转变，由此对出租汽车行业也产生了重要影响。

一、对出租汽车的功能定位影响

《国务院关于城市优先发展公共交通的指导意见》已明确公共交通优先发展的国家战略地位。随着这一发展战略的深入推进，城市公共交通水平将不断提升，城市公共交通的主导地位将逐步确立，特别是参与公交都市创建的32个中心城市，按照创建目标要求，公交都市的公共交通机动化分担率平均达到60%以上（公共交通机动化分担率指采用公共汽电车、轨道交通等公共交通方式的出行量占采用公共汽电车、轨道交通、城市轮渡、小汽车、出租汽车、摩托车、通勤班车、公务车、校车等各种以动力装置驱动或者牵引的交通工具的出行量的比例）。在这种趋势下，出租汽车目前存在的部分公益性服务功能将明显弱化。

二、对出租汽车发展方向的影响

走集约、智能、绿色、低碳的新型城镇化道路，建立便捷、高效、绿色、安全、经济的城市综合交通运输体系，实施更加严格的交通需求管理政策，采取“推拉”的策略治理城市交通拥堵与空气污染（“推”是指实施交通需求管理，控制除公共交通之外的机动车增长，“拉”是优先发展公共交通，吸引私人小汽车、出租汽车出行者转向公共交通出行）等，城市交通发展方式的一系列转变，对出租汽车行业的市场规模控制、车型选择、服务方式转变等提出新的要求。

第三节　政府职能转变要求加快改革提升政府治理能力

以新一届政府成立为标志，当代中国进入全面深化的新阶段。党的十八大明确提出“确保到 2020 年实现全面建成小康社会宏伟目标”，提出了“美丽中国”、“生态文明”、“走新型城镇化道路”等一系列新概念、新思路，明确了加快改革、发挥市场配置资源基础性作用，加强依法行政、以法制思维和法治方式推进管理方式创新等方面的要求。2013 年 11 月 9 日十八届三中全会审议通过的《中共中央关于全面深化改革若干重大问题的决定》要求，“实现中华民族伟大复兴的中国梦，必须在新的历史起点上全面深化改革，不断增强中国特色社会主义道路自信、理论自信、制度自信”，并对全面深化改革做出了全面、具体的部署。国家宏观发展战略不仅指引着城市社会经济与交通发展的正确道路，也对出租汽车政府管理理念更新与发展方式转变产生两个方面的重大影响。

一是推动出租汽车政府管理方式转变。十八届三中全会审议通过的《中共中央关于全面深化改革若干重大问题的决定》（以下简称《决定》）进一步明确要“使市场在资源配置中起决定性作用和更好发挥政府作用”，“着力解决市场体系不完善、政府干预过多和监管不到位问题”，“切实转变政府职能，深化行政体制改革，创新行政管理方式，增强政府公信力和执行力，建设法治政府和服务型政府”。需要在出租汽车行业，重新定位政府与市场关系、中央与地方的关系，以及政府各部门的责任与权利，以更好地发挥政府的引导和调控作用，最大限度地发挥市场配置资源的作用。

二是推动出租汽车运价机制改革。《决定》提出加快完善现代市场体系，推进水、石油、天然气、电力、交通、电信等领域价格改革等要求。今后我国可能要进一步推动成品油价格改革，实施新的成品油价格调整机制，并逐步最终放开价格。在财政体制改革与价格改革大背景下，CPI 将持续保持上涨，出租汽车各项经营成本有可能出现大幅增长，仅靠油运联动机制，难以抵消运营成本的总体增长。迫切需要推动出租汽车运价的市场化改革，形成出租汽车的合理价格形成机制。从长远来说,出租汽车的临时性补贴将逐步取消,使得出租汽车定价机制改革势在必行。

第四节 “互联网+”将成为行业发展方式转变新引擎

近年来,随着我国科技应用与创新水平不断提高,信息技术已经渗透到出租汽车运营组织与行业管理的各个环节。出租汽车车载终端设备、IC卡、视频监控、电召平台等信息技术不断普及,为政府部门从粗放式管理模式向精细化管理模式转变提供可靠支持,使实现对每一个从业人员进行动态管理、科学制定总量与费率标准成为可能,为出租汽车组织化、集约化发展提供了必要条件。同时,近年来,伴随着经济高速发展,社会文化进步及国民综合素质不断提升,特别是在我国城市交通拥堵与空气污染不断加剧的严峻形势下,绿色出行理念开始深入人心,也为出租汽车由以巡游出租汽车服务为主向约租车服务等方式转变提供了保障。2009年,以Uber为代表的“互联网+专车”登上世界各大城市交通舞台。2012年,“滴滴”、“快的”的快速扩张及近期的整合意味着,在“互联网+”和资本力量的共同作用下,传统行业的运作和盈利模式可能发生重大转变。在我国中心城市,“互联网+小汽车出行服务”引起的社会反响远大于其他国家大城市,对传统出租汽车行业的影响也将更为广泛和深远。“互联网+专车”的出现,对传统出租汽车行业是一种冲击,更是一种难得的机遇,将倒逼中心城市出租汽车运营方式改革,推动出租汽车管理模式创新。

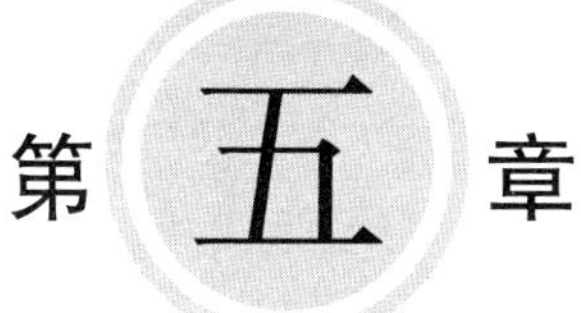

第五章 我国中心城市出租汽车行业的发展趋势

第一节　中心城市出租汽车发展阶段分析

依据对36个中心城市出租汽车市场规模与运营数据分析,受城市定位、公共交通发展水平、社会经济文化与自然环境等因素的影响,中心城市出租汽车发展水平不均衡,所处的发展阶段也各不相同。按照发达国家城市出租汽车起步阶段、快速发展阶段、平衡发展阶段、稳定发展阶段的四阶段划分理论,结合36个中心城市出租汽车行业现状,我国中心城市出租汽车所处的发展阶段类型可划分为以下三类。

第一类:出租汽车行业处于稳定发展阶段(以北京、深圳、广州为代表)。在稳定发展阶段,出租汽车在城市客运市场中所占的份额呈下降趋势,出租汽车城市客运分担率低于15%。出租汽车的运价水平相对较高,服务对象相对固定与高端。同一时期,该类城市的公共交通发展水平相对较高,公共交通分担率呈上升趋势,实施较为严格的小汽车拥有或使用管理政策。

第二类:出租汽车行业处于平衡发展阶段的中期或后期(以杭州、西安、天津等城市为代表)。处于这一时期的城市,出租汽车城市客运分担率保持在25%左右,部分城市出租汽车城市客运分担率开始下降。出租汽车的服务对象主要是中等收入以上人群及有特殊出行需求的人群,以及部分公共交通服务覆盖不到位的区域人群。同一时期,该类城市的公共交通发展加快,大容量公共交通服务能力明显提升。开始实施小汽车拥有或使用管理政策。

第三类:出租汽车行业处于快速发展阶段后期和平衡发展阶段前期(以长春、西宁、银川等城市为代表)。处于这一时期的城市,出租汽车城市客运分担率在30%~50%。出租汽车是城市客运的主要服务方式之一,服务对象是各种不同收入水平人群,包括公共交通服务覆盖不到位的中低收入人群。以长春为例,2013年出租汽车占全市客运总量的比例高达46.9%,全市近一半的城市客运由出租汽车完成,每千人拥有出租汽车4.08辆,人均乘坐出租汽车次数达到170次。同一时期,该类城市的公共交通进入快速发展阶段,但公共交通基本服务能力还相对较弱,出行难问题比较突出,城市居民出行对出租汽车依赖程度较高。

第二节　中心城市交通出行需求特点分析

中心城市与中小城市交通出行的差异性主要体现在交通出行的主要方式、交通出行总量、交通出行需求层次,以及城市公共交通供给能力等,见表5-1。

中心城市与中小城市交通出行的差异性 表 5-1

分类	中心城市	中小城市
城市行政区域	区域面积大，出行距离长，对机动化交通依赖程度高	区域面积相对较小，出行距离短，可利用慢行交通出行
城市人口与交通需求特点	人口规模大，城镇化速度快，由于城市发展方式粗放，造成机动化出行量井喷式增长，出行服务需求趋于多样	人口规模小，经济活跃度相对大城市弱，交通出行量增长相对较少
居民收入水平	居民收入与同区域的中小城市相比相对较高，经济承受能力相对较强	居民收入与同区域的中心城市相比相对较低，经济承受能力相对较弱
城市公共交通的地位与发展水平	定位为城市交通的主体地位，得到优先发展，服务能力相对较强	公共交通的主体地位有待明确，服务能力相对较弱

第三节 中心城市出租汽车市场变化态势

根据我国出租汽车行业发展的环境条件变化及其影响，结合中心城市发展趋势和东西方发达国家城市出租汽车成熟市场的发展经验，对中心城市出租汽车发展态势做如下判断。

一、出租汽车市场规模变化态势

近中期：根据中心城市出租汽车发展阶段的差异性，分成三种情况。一是以北京为代表的城市，出租汽车千人拥有量高于 2 辆/千人，出租汽车客运量占城市客运总量的比例低于 20%（北京数据：2012 年北京出租汽车千人拥有量分别为 3.17 辆/千人，出租汽车客运量占城市客运总量 8%）。出租汽车三项指标接近国际大都市的水平，可以认为总量规模基本饱和，近中期出租汽车数量不会产生显著变化；二是长春、西宁、银川等公共交通欠发达的城市，出租汽车客运量在城市客运总量中的比例超过 30% 以上，出租汽车总量已经超出合理范围，随着公交优先发展战略实施，“出行难”的问题逐步缓解，定位为高端服务的出租汽车在城市客运市场的份额将逐步减小;三是南京、厦门、杭州等为代表城市,出租汽车千人拥有量低于2辆、出租汽车客运量占城市客运总量低于20%,考虑到公共交通供给能力提升需要一个过程,在短期内,出租汽车总量将会适度有序增加,以避免城市公共交通的供给不足刺激私人小汽车的过度的购买与使用。

长期:按照建设以公共交通为主导的城市综合客运体系要求,结合国际发达国家城市的趋势分析,绝大多数的中心城市出租汽车总体规模将呈现下降趋势。

二、出租汽车服务群体与服务需求变化态势

近中期:在快速城镇化、机动化发展背景下,确立公共交通在城市的主导地位是一个艰难漫长的过程。因此,短期内,除部分出租汽车城市客运分担率在15%以下的城市外,中心城市出租汽车的服务对象仍然相对宽泛。特别是公共交通发展欠发达的城市,如长春、银川等,短期内部分中低收入人群仍是出租汽车服务对象,通勤、休闲购物等基本出行需求仍纳入出租汽车的服务范围。

长期:随着公共交通的发展与绿色出行理念的普及,中心城市出租汽车的服务对象范围将逐步缩小并主要服务于以下对象:因小汽车限购无法采用小汽车出行的高端消费人群、因公需要选择出租汽车出行的企事业单位职员、需要"门对门"个性化出行服务的老弱病残人群、偶有特殊情况需要乘坐出租汽车出行的中低收入人群以及有小汽车但因使用费用过高(停车费、油费)未选择私人汽车出行的城市人群等。除此之外,还有来自外地的商务出行、旅游出行人群等。这些人群大多数对价格不敏感,费率的变化不会对他们的出行需求产生明显影响。长远来说,出租汽车服务需求将逐步下降。

三、出租汽车服务方式变化态势

面对日益严重的城市交通拥堵、能源短缺、空气环境恶化等压力,中心城市政府将致力于出租汽车服务方式的结构调整,鼓励发展以电召、互联网约租平台为交易方式的约租车。"互联网+"技术能够将出租汽车与需求者信息直接联系起来,实现需求与供给之间的高效配置,一方面减少巡游出租汽车的空驶率,提升运营效率;另一方面,成为约租车提供服务定制个性化、层次化人群的高效交易撮合手段。同时,由于网络平台的评分系统能够将交易双方的信息相对透明化,一定程度解决了传统巡游出租汽车信息不透明、激励与约束机制不足的问题。因此,随着"互联网+"技术应用的成熟,未来的城市出租汽车市场,基于移动互联网的巡游出租汽车、约租车服务方式将在政府监管下广泛普及。

四、出租汽车服务价格变化态势

“推进水、石油、天然气、电力、交通、电信等领域价格改革，放开竞争性环节价格”预示着出租汽车运价的市场化改革已势在必行。总体而言，未来一个时期，出租汽车运价将逐步上升，与公共交通票价的差距增大，从而更充分地体现经营性的出租汽车与公益性的公共交通之间的绩差服务效应。推动出租汽车运价上涨的因素主要有四个方面：一是随着优先发展公共交通国家战略的不断推进，公共交通分担率逐步上升，分流中低收入群体的出租汽车出行需求，服务群体趋于高端；二是CPI 逐年上涨，出租汽车经营各项成本总体呈增长态势，需要联动上调运价；三是交通拥堵影响出租汽车运行效率，需要以价补量；四是全面深化基础品价格改革将直接推高出租汽车的运价。与此同时，随着出租汽车服务的个性化、层次化程度不断提高，各类出租汽车服务的价格逐步分化，相对而言，传统的巡游、站点候客服务价格相对较低，约租车价格将更加层次化、市场化。

五、出租汽车行业市场失灵特征变化趋势

随着科学技术手段的不断创新与应用，传统出租汽车行业的一些市场失灵现象有所缓解（信息不对称等），与此同时，“互联网 +”改变了传统的出租汽车运营组织模式，也引发了新的市场失灵现象（个人隐私安全、网络平台价格垄断等），需要适时调整和优化政府管制内容和管制目标。

第四节　中心城市出租汽车行业发展趋势总结

从中心城市出租汽车发展阶段划分研究可以看出，36 个中心城市出租汽车发展阶段特点及外部的发展环境条件差异较大，中短期看，行业发展趋势存在较大差异，但是结合国际经验与中国宏观层面的国家战略要求与中观层面城市与交通可持续发展的迫切需求，中心城市出租汽车的长期发展趋势仍具有显著的共性。主要体现为以下三点。

市场规模逐步缩小：目前，北京、深圳、广州等一线城市的出租汽车城市客运量呈现逐年下降趋势，2013 年北京的出租汽车城市客运分担率仅为 8%。随着优先发展公共交通国家战略的实施，中心城市出租汽车市场规模总体将呈现下降趋势，2020 年末平均控制在 20% 以内（现状平均值为 24%）。

服务方式更加绿色、高效：随着“互联网＋交通”技术创新与应用的逐步成熟，预约出租汽车服务将成为城市出租汽车市场主流的服务方式（市场份额超过50%）。城市出租汽车服务也将更加层次化、多元化。

服务趋于高端：随着公共交通方式逐步占据城市交通出行方式的主导地位（公共交通占城市机动化分担率超过50%以上），城市交通通勤、上下学等基本出行难问题得到根本解决。出租汽车服务将逐步集中在商务、旅游、接送客人等高端服务需求以及就医、老弱及残障人士等特殊出行需求。出租汽车费率也将与高品质、个性化的交通出行服务性能接轨，一定时期出租汽车的费率水平将呈上升趋势，直至与出租汽车服务形成合理的性价比关系。

第六章 我国中心城市出租汽车的行业定位

针对出租汽车行业存在的把“出行难”混淆为“打车难”、把“公共客运”理解为“公共交通”，把“有限管制”理解为“限制竞争和保护垄断”的误区，迫切需要在我国中心城市政府部门、学术界、社会公众和行业直接利益相关者之间达成对出租汽车行业定位的共识。

2014年年底，交通运输部依据国务院2004年第412号令公布的《国务院对确需保留的行政审批项目设定行政许可的决定》（详见该决定的附件：国务院决定对确需保留的行政审批项目设定行政许可的目录，第112条出租汽车经营资格证、车辆运营证和驾驶员客运资格证核发），依照《中华人民共和国行政许可法》的有关规定，就实施出租汽车经营资格证、车辆运营证和驾驶员客运资格证的行政许可程序和期限等政府行政许可与监管内容，出台了《出租汽车经营服务管理规定》，完善了我国出租汽车行业法规体系。该规定一定程度明确了城市出租汽车的功能定位问题（“城市交通的组成部分”），也与城市公共交通的公益性基本经济属性作出了区分，澄清了业内争议性较大的出租汽车基本经济属性问题（要求“应当与经济社会发展相适应，与城市公共交通等客运方式相协调，满足人民群众个性化出行需要”，间接地明确了出租汽车不属于公共交通，出租汽车是“个性化出行需要”而不是普遍服务）。为进一步明确中心城市出租汽车行业管理部门为什么要管，管理目标是什么，不同发展阶段的管理重点是什么，应如何更有效地管理等问题，本书根据中心城市的城市与交通发展需求特点，进一步细化出租汽车的服务功能定位、基本经济属性定位及市场定位。

出租汽车的行业定位研究，应围绕各级政府正确履行行业管理职能的要求，从多个角度提炼出租汽车行业本质的、长期稳定的定位，准确把握中心城市出租汽车服务的特殊性和不同阶段的可变特征，进而全面系统地对中心城市出租汽车的行业定位进行定义与描述。

根据国内外出租汽车行业发展各阶段的特点以及发达国家城市出租汽车进入成熟稳定期后的市场形态及政府管理重点、管理方式等经验得出：出租汽车行业在各个发展阶段均具有本质的、长期稳定的行业特征，但部分特征在不同类型城市、不同发展阶段又体现出一定程度的差异性。

出租汽车行业本质、稳定的特征表现在三个方面：一是服务功能稳定，始终提供比公共交通更便捷可靠的“门到门”服务功能，在城市交通系统中具有不可或缺、不可替代性。二是定价机制稳定，出租汽车服务在任何阶段主观上都以营利为目的。三是准市场特征稳定，在任何发展阶段都不同程度地受到了行业规制。

出租汽车定位的阶段性表现在在起步阶段，主要服务于高端的、紧急的、特殊的需求；在快速发展阶段，出租汽车占城市客运的比例持续上升，服务对象相对广泛，较强程度承担了公共交通替代性服务功能；进入成熟稳定期后，出租汽车占城市客运的比例逐步下降并稳定在相对较小比例，服务对象回归到高端的、紧急的、特殊的需求。出租汽车费率变化与服务群体变化有同样的规律，通常在起步期费率较高，快速发展期费率相对较低，进入成熟稳定期后，费率重新处于较高水平。

因此，出租汽车行业的基本地位，应体现长期性与稳定性，并综合采用出租汽车服务的功能定位、出租汽车服务的经济属性定位以及出租汽车的市场特征三个要素递进进行定义和描述。首先要客观分析出租汽车服务的功能特点，根据服务功能特点确定出租汽车服务的功能定位及其具有的外部性，然后判断出租汽车服务是普遍服务还是个性化服务，进而确定出租汽车服务的经济属性定位，最后结合功能定位与经济属性定位，分析出租汽车市场存在的市场失灵现象，最终确定出租汽车的市场特征。通过上述三个要素，完整地描述出租汽车长期稳定的行业定位。

第一节　中心城市出租汽车的功能定位

一、稳定的功能定位

出租汽车行业是服务性行业。出租汽车提供比公共交通基本服务更高端的出行服务。服务特点为全天候的、“门到门”的、可个性化定制。服务品质要求为比公共交通更便捷、更舒适、更可靠。主要服务群体是对出行时间、出行区域、出行环境等有特殊需求的人群。服务方式有巡游、站点候客、约租车等。出租汽车是城市交通系统必不可少的辅助性与补充性的公共客运方式，将长期具有不可或缺的地位，但出租汽车不能代替公共交通解决出行难的问题。出租汽车的服务特点与服务品质要求在出租汽车发展的不同阶段是固有的，不会随着市场内部或外部环境条件而改变。

二、阶段的特征

在出租汽车的快速发展阶段，特别是在公共交通欠发达的城市，出租汽车的服务对象相对较广，部分中低收入人群也是出租汽车的服务对象，部分通勤、休闲购物等基本出行需求也成为出租汽车的服务范围。

但是在一些城市出租汽车功能定位的有错位现象。在一些中心城市，出租汽车已经成为市民上班、上学甚至买菜的常用交通工具，四个老人结伴乘坐一辆出租汽车去打麻将成为交通出行常态。最典型的是长春市,年人均乘坐出租车次数达220多次,出租汽车客运量占到城市客运的近一半比例,城市出租车千人拥有量达4辆以上,而城市居民依然在反映“打车难”。根据成都市出租汽车乘客出行目的抽样调查结果,出租汽车用于上班、上学、购物、休闲的比例高达47%以上,如图6-1所示。

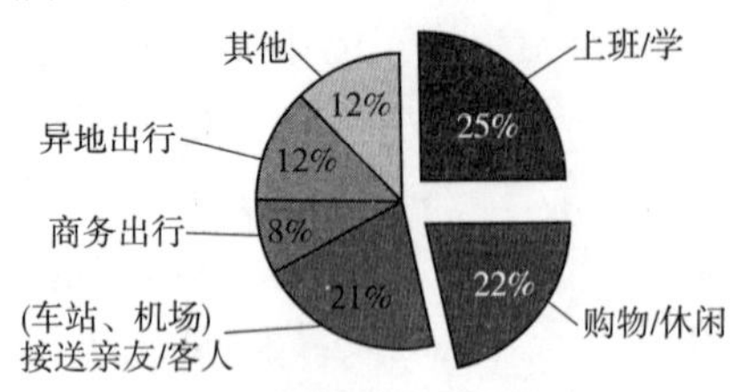

图6-1 成都市出租汽车乘客出行目的抽样调查结果

出租车的过度发展制约了中心城市公共交通的发展,而公共交通发展的滞后又不断激发出租汽车的需求,这样发展下去,城市交通最终将不堪重负。发生上述问题的根本原因这些中心城市的出租汽车已经背离了效率服务的功能定位而变成了公交车辆的替代品,这显然是一种不可持续的发展模式。

第二节 中心城市出租汽车的经济属性定位

一、本质的属性定位

出租汽车基本的经济属性是经营性。出租汽车的功能定位表明,出租汽车为公众提供的是与公共交通普遍服务截然不同的效率服务,遵守的是“用者自付”的市场规则,应采取经营性服务的定价机制。出租汽车服务不属于城市公共交通基本服务范畴,对于不愿乘坐公共交通而选择出租汽车服务的公众,在享受出租汽车效率服务的同时,理应支付包括出租汽车驾驶员应得的劳动报酬和经营者合理的利润等市场费用。

二、变化的特征

出租汽车的经营性经济属性定位是本质的。但是出租汽车也为一部分特殊群体提供了必需的基本服务,如工作或住所附近没有可乘坐的公共交通,残疾人、老人等因健康原因行动不便无法乘坐公共交通等。

随着城市公共交通发展和私人小汽车的普及,出租汽车将逐步回归高端出行服务,在城市公共客运系统的市场份额将逐步减小,成为城市公共客运系统的必要补充,但不会被公共交通和私人小汽车取代。

依据国际经验,特殊人群的公益性服务不应改变经营性属性的本质定位。

荷兰:60家出租汽车公司与PZN中心合作开展按需供应的交通服务,服务对象包括因健康原因行动不便的人群和医院交通需求,服务费用由政府支付。

美国西雅图:政府向老人、残疾人与低收入家庭发放政府交通补贴,西雅图规模最大的出租汽车公司承担了为本地90%的领取政府交通补贴的客户提供出租汽车服务的任务。

第三节　中心城市出租汽车的市场定位

一、本质的市场定位

出租汽车市场在不同发展阶段不同程度地存在市场失灵的现象。为保证出租汽车与城市公共交通协调发展,提供与个性化出行服务需求相适应的高品质服务,减少扬手招车与站点候客等服务方式存在的信息不对称等市场失灵现象对乘客利益的损害,避免约租车信息服务平台高度垄断对出租汽车驾驶员利益的损害,减少出租汽车对城市交通拥堵和空气污染的负外部性等,行业主管部门需要对出租汽车行业实施必要的管制,从而限制出租汽车行业的完全自由竞争。因此,出租汽车是不完全市场,实行的是准市场机制,各经营主体之间的竞争是有限的竞争。

二、阶段变化的特征

在出租汽车不同发展阶段,政府对出租汽车管制的力度、方法、手段有较大的差异性:通常在起步和成熟稳定阶段管制较松;在快速发展和平衡发展阶段,管制相对较严。出租汽车行业规制政策还受到不同的发展环境条件影响:通常在经济不景气的情况下,会放松管制增加就业;在交通拥堵严重的城市,会强化总量控制等。

出租汽车可否采取完全市场竞争的管理方式呢?出租汽车与餐饮等一般服务性行业适用的市场准入条件不同。出租汽车属于《中华人民共和国行政许可法》第十二条规定应设定行政许可的范畴,出租汽车是“直接涉及公共安全、生态环境保护以及直接关系人身健康、生命财产安全”的特定活动,也属于“公共资源配置以及直接关系公共利益的特定行业的市场准入”。因此,需要依法经过行政许可后方可进入市场。进入市场后需要根据相应的许可条件要求进行服务质量与安全监督。

出租汽车行业与餐饮业相比具有更为明显的外部性。出租汽车比公共交通占用更多的道路资源，消耗更多的能源，出租汽车的市场规模过大会影响城市交通系统高效运行，加剧城市环境污染。因此需要对市场规模进行合理调控。

出租汽车服务无法像餐饮业一样由市场自由定价。出租汽车服务的信息不对称性、服务提供的随机性等，使服务需求方无法与服务供给方平等议价，不具备交易双方自由定价的条件，因此要对费率进行必要管制。

第四节　关于中心城市出租汽车基本定位的结论

综上所述，中心城市出租汽车的行业定位由出租汽车的功能定位、基本经济属性定位和市场定位三要素共同构成。

服务功能定位：城市出租汽车提供“门到门”的高端城市交通出行服务。出租汽车是城市交通系统必不可少的辅助性与补充性的公共客运方式，但出租汽车不能代替公共交通解决出行难的问题。

基本经济属性定位：中心城市出租汽车的基本经济属性是经营性。出租汽车高端城市交通出行服务的定位决定了出租汽车是以营利为本质目的，与公共交通的公益性服务性质有本质区别。

市场定位：出租汽车市场是不完全市场。出租汽车（巡游出租汽车、预约出租汽车）发展各个阶段都不同程度存在市场失灵现象，需要政府施以基本的管制。

第七章

“互联网+”背景下中心城市出租汽车的治理模式

目前,对管理模式比较通用的定义是:在人性假设理论的基础上设计出的一整套具体的管理理念、管理内容、管理工具、管理程序、管理制度和管理方法论体系并将其反复运用于企业,使企业在运行过程中自觉加以遵守的管理规则。该定义基本涵盖了管理活动全过程的所有规则,主要适用于企业管理模式的概念描述。

对政府管理模式,目前在世界各国的政府治理与改革以及我国政府管理理念更新与管理方式转变等探讨中均有研究。以下是我国实务界与理论界有关政府管理模式的研究探讨情况。

中国共产党新闻网发表的《地方政府管理模式的新探索——浙江富阳市试行"专委会制度"的实践》一文,主要从政府管理体制机制优化角度探索如何建立高效的政府管理模式。

求是理论网发表的《中国政府治理模式的发展:从运动中的民主到民主中的运动》一文,主要从政府治理的驱动力方面探讨治理模式的转变。

人民网转载《人民论坛》(2012 年第 5 期)的《新公共管理的理论来源及基本管理理念》,从新公共管理视角下我国服务型政府构建的角度,论述了服务型政府的管理职能、组织结构及管理能力提升等要求。

美国学者《未来的政府治理模式》从理念、结构、管理、政策制定与公共利益等方面描述了市场式政府、参与式政府等典型管理模式。

"智库百科"在解释什么是模式时指出尽管"模式"一词无论在实务界还是理论界都已经使用得相当广泛,但将其作为研究问题的一种新思路、新方法,仍然需要与时俱进,不断探索。这一观点,对于正处于政府管理理念更新的中国尤其适用。

当前,有关政府管理模式的理论研究与实践探索很多,但并未形成权威的定义。研究成果相对一致的特征是,与企业管理模式的概念相比,政府管理模式的概念相对宏观,更侧重于顶层设计,一般不具体细化到管理工具、管理程序层面。综合国内外有关政府管理模式的理论与实践研究,政府管理模式的完整架构包括管理理念、管理目标、管理内容、基本制度(法律法规、管理体制、运行机制等)等。

第一节　"互联网 +"背景下政府出租汽车行业监管的必要性

"互联网 + 专车服务"在全球范围引发了广泛深入的法律问题讨论。在欧美地区,以 Uber 为代表的"互联网 +"出行服务起步得更早,在市场上也走得更远。由于发达国家的法制建设更成熟,Uber 引发的法律问题讨论远远超出了行业管理的范围，参与人群也更广泛、观点更多元。在我国，“互联网＋专车服务”出现之初主要存在两个立场鲜明的阵营，一方阵营以公众、媒体、公共知识分子为代表（这其中不排除有平台运营商的代言人），属于坚定的支持派，认定“互联网＋专车服务”是“互联网＋”改造传统服务业的探索与创新；另一方以地方行政主管部门、传统出租汽车经营者和出租汽车驾驶员为代表，属于反对者阵营，一些城市的出租汽车驾驶员以罢工表明立场。进入2015年，经历过最激烈的观点对撞期，随着法律、交通、金融、社会学等各专业领域的专家学者加入讨论，一些有专业水平和思想深度的观点开始出现，这场全国性的大讨论逐步变得理性。一方面，通过开放的辩论达成了一些基本共识，另一方面，各方观点的根本分歧点也逐步清晰，使得进一步达成共识成为可能。当前，对于“互联网＋专车服务”，各方均认同其推动传统出租汽车转变发展方式、提高运输组织效率的积极意义，但在“互联网＋专车服务”是否属于出租汽车行业和如何监管方面存在明显分歧。

每一次科技创新应用都会推动出租汽车行业的发展，每一次科技创新，也需要学术界、行业管理相关部门等重新认真审视出租汽车相关理论的基本前提，从而再次确定，政府各项监管措施的必要性是否依然成立。如果新的技术创新或商业模式创新确实消除了既有的市场失灵，政府应该毫不犹豫地取消对应的监管措施；而如果既有的市场失灵依然存在，那就意味着应该改善监管，以避免因政府监管缺位给相关利益者造成损失。

“互联网＋”与传统城市交通融合不仅对传统出租汽车行业产生巨大冲击，而且还将对出租汽车行业未来的发展方向与行业规制政策调整产生深远影响。因此，在对“互联网＋专车服务”的特征、影响和各方观点分歧梳理的基础上，进一步确认出租汽车政府监管的必要性，是选择出租汽车政府管制方法的基本前提。

如前所述，对传统出租汽车实施政府监管的主要原因是传统出租汽车行业存在不同程度的交易信息不对称、过度竞争、公众安全不能保证以及具有产生交通拥堵与交通污染等负面影响。但“互联网＋专车服务”模式在避免上述市场失灵现象上依然存在类似的问题。

一、信息不对称、交易不平等依然存在

虽然“互联网＋专车服务”很大程度消除了信息不对称的问题，且相对市场化的费率定价能够改善传统出租汽车驾驶员拒载、甩客等行为，边远地区的乘客也可以通过价格调节获得必需、急需的服务。但对于一些特定群体和服务需求，如因各种原因无法通过手机或互联网软件进行交易的本地乘客，外来旅游者、商务出行者

等对当地巡游和预约出租汽车服务价格信息不了解的乘客，以及机场、火车站等要求在指定停靠点排队等候租车的乘客等，信息不对称的问题依然存在。除此之外，“互联网+专车服务”也难以完全避免驾驶员绕道等行为。

二、可能危及公共安全的风险依然存在

出租汽车驾驶员的资质水平与职业操守，不仅关系所有出租汽车乘客的出行安全，同时还对与其共享城市道路资源的其他交通方式出行者的安全造成威胁。“互联网+专车服务”在前端的服务方式与传统出租汽车没有区别，因此，可能危及公共安全的风险依然存在。并且，由于私人小汽车作为非经营性车辆从事经营性的专车服务，私人小汽车车主在没有从业资质和背景调查的情况下从事经营性客运活动，都给乘客及相关人员安全以及事后的保险补偿带来更大的隐患，乘客不仅可能成为受害者而且还可能因使用非法交通工具而成为被告。

国 际 案 例

美国旧金山：旧金山在2012年年底发生了一起严重交通事故，导致在人行道正常行走的1人死亡，2人重伤。涉事互联网企业不认为自己有责任，驾驶员又无力赔偿。此案至今法院尚无判决结果，受害者的权利仍无法得到伸张。目前美国有多宗类似案件在法庭待审。在该案例中，保险公司同样拒绝承担赔偿责任，其理由即是非营运车辆从事商业运输，违反了有关法律及保险条款，保险公司不能为违法行为承担责任。值得注意的是，该案的涉事驾驶员事后被发现此前已在佛罗里达州被判过危险驾驶。

美国加利福尼亚州：2013年在加利福尼亚州发生一起互联网约租车碰撞自行车骑车人案件，因责任主体缺失，受害人不仅将驾驶员、互联网公司告上法庭，乘客也同样当了被告。

三、过度竞争的现象仍会发生

在政府不加以管制的状态下，出租汽车行业的就业门槛相对较低，容易造成过度竞争。20世纪30年代的全球性经济大萧条，使得失业工人大量涌入出租汽车行业并导致过度竞争，驾驶员收入大幅下降，很多出租汽车驾驶员为保证基本收入在极度疲劳的状态下加班工作，安全问题非常严重。这种市场失灵的现象，“互联网+专车服务”模式无法消除。

四、出租汽车的负外部性难以消除

出租汽车服务的负外部性主要体现为两个方面。

(1)市场规模过大造成交通拥堵。最早由于市场规模过大而实施总量控制的案例发生在1635年的出租马车时代,由于伦敦和威斯敏斯特的出租马车堵塞城市交通,两个城市开始限制出租马车数量以缓解交通拥堵问题。

(2)与公共交通方式相比,出租汽车能耗高、污染排放高,特别是巡游出租汽车,比小汽车的能耗和排放还高。上海各种运输方式的能耗强度与碳排放强度数据见表7-1。

上海各种运输方式的能耗强度与碳排放强度数据 表7-1

交通方式	能耗强度(吨标煤/万人公里)	碳排放强度(吨 CO_2/万人公里)
轨道交通	0.24	0.52
公共汽电车	0.26	0.56
出租汽车	1.24	2.74
小客车	1.01	2.22
大客车	0.72	1.57
摩托车	0.31	0.67
电动自行车	0.06	0.13

尽管“互联网+专车服务”某种角度上优化和规范原先混乱的“黑车”市场,但同时也会在原本很低的私人小汽车出行成本基础上继续“减价”,从而刺激私人小汽车出行,加大对出租汽车的影响。

北京市交通委员会的城市公共交通管理部门反映,根据近半年的统计数据分析观察,在“互联网+专车服务”平台竞相“烧钱”期间,城市公共交通的客运量出现小幅下降。由此可见,“互联网+专车服务”的免费、优惠体验及顺风车、快车的低廉价格,主要吸引的是城市公共交通出行者。“互联网+专车服务”确实提高了闲置的私人小汽车资源利用率,但效果不是节能减排,反而降低了绿色环保的城市公共交通的利用率。

五、垄断对从业人员、乘客利益的损害仍未消除

传统出租汽车企业的份子钱一直被视为诟病。但“互联网+专车服务”平台远比一家传统出租汽车企业的资本实力更强、市场规模更大、垄断能力更强。因此,从业者(驾驶员)在未来的劳资关系中,会更加弱势。事实上,在Uber稳定市场份额后,确实是单方面提高了对驾驶员的“份子钱”。“互联网+专车服务”平台的

高度垄断对乘客利益也存在潜在威胁，因为公司的商业模式是从车费中抽取固定佣金，如果“互联网＋专车服务”的租价不受监管，当“互联网＋专车服务”平台打败传统出租汽车企业，垄断了整个城市的出租汽车客运市场时，就可能随意提高租车价格。

国际案例

美国某互联网约租车企业通过所谓动态定价，在最需要运输服务的紧急或特殊情况时，故意大幅提高价格。如在重大节日、社会应急安全事件中，企业将价格最高哄抬至日常价格的9倍。

六、结论

在Uber的发源地美国，各州及城市从各个方面指控“互联网＋专车服务”平台的违法经营，主要内容包括以下四个方面：

(1)违反车辆与交通法中有关商业运营车辆保险的规定、驾驶员许可规定；

(2)违反商业企业法中有关企业属地合法经营的规定、保险法中的保险销售规定；

(3)违反预约出租汽车运营管理规定；

(4)违反行政法有关商业欺诈和虚假宣传规定(包括对乘客与驾驶员)。

除此之外，违反机场特许经营、收费混乱、收费计量缺乏法定认证以及通过复杂的关联企业设置与交易避税等，也成为一些监管机构的指控理由。另外，有关涉嫌强制定价等垄断行为、歧视残障人士的指控案例也在庭审中。

综上所述，“互联网＋”与传统城市交通的融合对推动出租汽车改革、促进传统出租汽车行业转型发展、提高生产力产生积极的影响与推进作用。但是，“互联网＋专车服务”无法完全消除传统出租汽车的市场失灵现象，同时还带来了新的市场失灵问题，这就意味着政府对传统出租汽车和“互联网＋专车服务”管制的必要性依然存在。

第二节　我国城市出租汽车行业治理理念的转变

国外发达国家出租汽车行业管理的成功经验与失败教训从两方面证明，保障出租汽车市场的健康稳定，既有赖于适度的政府管制避免市场失灵，同时也要充分避免因政府管制过度而造成监管失灵或新的市场失灵。出租汽车政府管制的唯一正当理由是在保障出租汽车更好地满足城市可持续发展以及城市人民高品质、个性化出行需求的前提下，为增强出租汽车市场竞争活力而进行管制。

党的十八大及第二、三、四次全体会议以及《中共中央关于全面深化改革若干重大问题的决定》提出了全面深化改革、推进国家治理体系和治理能力现代化、全面依法行政等一系列改革目标和要求，落实到出租汽车行业，就是要按照深化改革的要求，推动管理理念创新，主要体现在以下三个方面。

一、管理目标的转变

十八届三中全会提出“推动政府职能向创造良好发展环境、提供优质公共服务、维护社会公平正义转变”的要求。落实到出租汽车行业管理，就是要从以维护行业稳定为核心目标向为出租汽车市场创造良好发展环境，提高出租汽车运输组织效率，保障出租汽车高品质的服务水平，保障出租汽车驾驶员和乘客的基本权益等方向转变。

二、制度设计思路的转变

按照十八届三中全会“切实转变政府职能，深化行政体制改革，创新行政管理方式，增强政府公信力和执行力，建设法治政府和服务型政府”的要求，出租汽车管理制度设计的出发点应从“方便管理者管理”向“引导行业、服务行业”的方向转变。制度设计的核心目的不是为了监管而监管，而是通过制度的引导，消除市场失灵现象，激发市场竞争活力，引导出租汽车业态优化。推动行业治理模式从政府管理向发挥政府主导作用，鼓励和支持社会各方面参与，实现政府治理和出租汽车企业、驾驶员、行业协会、企业工会组织、社会公众等相关主体共同参与治理的模式转变。

三、管理重点与管理手段的转变

《中共中央关于全面深化改革若干重大问题的决定》和历次全体会议提出了“加强中央政府宏观调控职责和能力，加强地方政府公共服务、市场监管、社会管理、环境保护等职责”，“着力解决市场体系不完善、政府干预过多和监管不到位问题”，“处理好政府与市场的关系”的要求。出租汽车管理应着力找准三个角色定位：

一是找准政府与市场的角色定位，避免政府干预过多和监管不到位的问题；

二是找准中央和地方政府及行业管理部门的角色定位，坚持出租汽车属地管理原则；

三是找准行业管理部门与出租汽车相关管理部门的角色定位，做好交通运输部门应做的工作，加强与人力资源与社会保障、公安、发展与改革等部门的协调与合作；

四是加快从粗放式管理向精细化管理的转变，充分重视互联网等领先科技的新引擎作用，更大力度地加强战略性、前瞻性研究，更大范围开展乘客、驾驶员、企业对行业认识的引导性工作，更广泛地应用信息技术提高决策与监管能力，更有效地发挥行业发展预警性职能等。引导出租汽车行业运用“互联网 +”这一先进生产力，“使市场在资源配置中起决定性作用和更好发挥政府作用”，减少监管失灵，提高监管效率。

第三节　“互联网 +”背景下城市出租汽车的未来市场细分模型

我国中心城市出租汽车的行业定位表明，在城市交通拥堵、环境污染、能源危机日益严重的形势下，城市出租汽车在城市交通系统中的比例不宜过大。国际著名的公交都市（香港、东京、伦敦、巴黎等）的城市交通系统中，公共交通机动化分担率通常高达 60% ~80%，出租汽车分担率一般控制在 15% 以内，绝大多数城市以约租车为主，出租汽车也多采用站点候客的方式提供服务，允许巡游的出租汽车数量比例普遍较少。

目前，我国除广州等极少数城市正在推出约租车服务外，绝大多数城市均采用巡游出租汽车服务方式。“互联网 +”技术与传统交通的融合，为约租车的发展提供了强有力的技术支撑，也为城市出租汽车市场细分提供了条件。未来的城市出租汽车市场，应根据城市交通系统优化和居民出行的个性化需要，细分为四类出租汽车服务类型：巡游出租汽车、普通约租车、高端约租车、特种约租车。

（1）巡游出租汽车：指传统的巡游出租汽车服务。可同时采取巡游、站点候客、电召、网络招租等交易方式向乘客提供出租汽车服务。未来中心城市巡游出租汽车的比例将由现在几乎占据市场份额的 100%，大幅下降至出租汽车总量的 20% 左右，主要用于满足因为各种原因无法通过电召或网招等提前预约方式获得出租汽车服务的特定人群的出行需求。

（2）普通约租车：包括通过电召和网络平台预约服务的出租汽车。“互联网 + 专车服务”中的中低端小汽车出行服务均应纳入约租车的市场范畴。约租车不可从事巡游和站点候客服务，只能接受电召或通过网络平台预约的服务订单。普通约租车未来的市场定位是，逐步替代巡游出租汽车成为城市出租汽车的主要服务方式，市场份额应占出租汽车总量的70%以上。

(3)高端约租车：主要指通过电召或网络平台预约的专车服务。高端约租车主要为高端商务、公务出行和高端人群因私出行服务。在费率下限管制下，未来高端出租汽车市场规模交由市场自行调节总量规模。

(4)特种约租车：指为残疾人、特殊出行需求的病人等提供门到门服务的出租汽车。根据城市特点，特种约租车应保证一定数量，满足城市特殊人群的出行需求服务。

中心城市出租汽车未来市场细分的理想模型如图7-1所示。

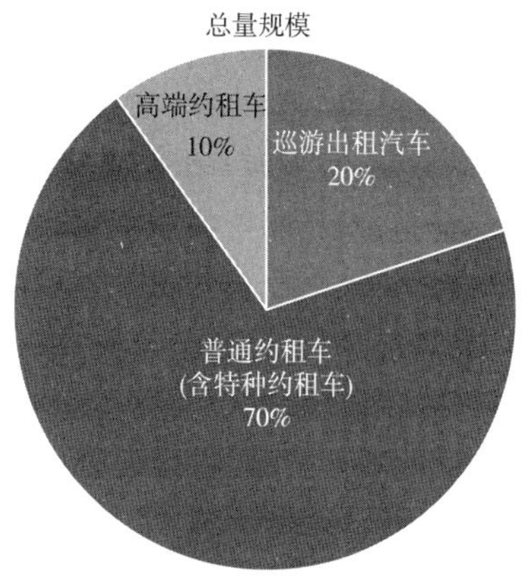

图7-1 中心城市出租汽车未来市场细分的理想模型

第四节 我国中心城市出租汽车行业的治理目标

长期以来，城市出租汽车领域存在一个误区，即把行业维稳(更直白的说法是平衡出租汽车经营权拥有者和驾驶员的利益)当作行业管理的首要目标。这种理解存在很大的片面性。按照“推动政府职能向创造良好发展环境、提供优质公共服务、维护社会公平正义转变”的要求，出租汽车行业管理目标的确立应当以增强城市出租汽车行业竞争活力、提升服务质量为根本出发点，与城市出租汽车的服务功能定位及经营性基本经济属性定位相适应，与政府对城市出租汽车行业实施管制的必要性相对应，与中心城市出租汽车的行业发展趋势要求相统一。

为促进出租汽车管理目标从以维护行业稳定为核心向更好地服务于城市发展与乘客需求、更高效的行业治理、更显著的社会效益等多元化目标方向转变。将中心城市出租汽车行业治理目标设定为三个层次：第一个层次，出租汽车作为服务性行业的核心管理目标；第二个层次，为保障核心目标实现而确立的行业管理目标；第三个层次，为促进体现出租汽车社会效益确立的社会管理目标。

一、中心城市出租汽车的核心管理目标

以推动“政府职能向优质公共服务方向转变”为出发点，中心城市出租汽车的

核心管理目标是构建一个运营更安全、服务更优质、结构更优化、规模更合理的出租汽车服务体系。具体要求有以下四个方面：

(1)运营更安全。所有投入运营的出租汽车的安全性能均完全符合相关法规要求，并按相关法规要求足额缴纳了经营性车辆商业保险，出租汽车违章率与责任事故率保持与国际发达城市出租汽车服务相当的水平。

(2)服务更优质。不断提高出租汽车的服务品质，为社会公众提供比城市公共交通更便捷、更舒适、更可靠、可实现个性化定制的出租汽车服务；乘客可根据需要选择高、中、低档费率标准的服务项目，残疾人、病人等特殊人群能够通过约租车服务方式订制设施完善、服务周到、费率合理的个性化出行服务。

(3)结构更优化。出租汽车市场由巡游出租汽车、普通约租车和高端约租车等服务方式构成。约租车比例逐步提升，电召、移动互联网招租等信息更对称、服务更高效的服务方式得到广泛应用。

(4)规模更合理。促进现代化城市交通运输服务体系建设，在提升城市综合交通运输系统运行效率、减缓小汽车增长速度、降低城市交通拥堵中发挥积极作用，为增强城市社会经济发展活力做出积极贡献。出租汽车运量占城市客运总量的比例应控制在15%以内，对于旅游业较发达的中心城市，出租汽车运量占城市客运总量的比例应控制在20%以内(参考国际主要城市的经验数据)。

二、中心城市出租汽车的行业管理目标

以推动“政府职能向创造良好发展环境方向转变”为出发点，中心城市出租汽车的行业管理目标是：构建一个市场竞争更充分、运行组织更高效的出租汽车市场。通过政府适度而高效的管制，改善出租汽车市场失灵现象，激发市场竞争活力，引导出租汽车业态优化，支持引导“互联网+”等创新技术应用，努力促进生产关系更好地适应并引导先进生产力发展。具体要求有以下两个方面：

(1)出租汽车行政管理初步实现精细化、智能化。城市出租汽车普遍实现与出租汽车行业监管信息平台联网，行政管理部门能够通过该平台实现对经营企业和从业人员适时、动态的监管，随时掌握出租汽车驾驶员每天的运营基础数据以及出租汽车经营者的利润与成本变化情况，能够实现出租汽车总量、费率等定量与定性分析相结合的科学决策管理，随时了解出租汽车市场运行情况，及时解决问题、消除矛盾。

(2)出租汽车运营管理基本实现信息化、组织化。城市出租汽车普遍安装多

种功能的车载智能终端，并加入政府认证的电召及互联网信息撮合服务平台。出租汽车空驶率、违章率、投诉率均明显下降，安全责任事故不断减少，驾驶员的运营成本与企业的管理成本调整优化到合理水平。

三、中心城市出租汽车的社会管理目标

以有利于推动“政府职能向维护公平正义方向转变”为出发点，中心城市出租汽车的社会管理目标是行业发展更稳定、利益分配更合理、劳动关系更和谐、企业社会责任感更强、从业人员素质更高、行业贡献更大。具体指标有以下四项：

(1)遵纪守法、服务质量信誉良好、经营管理正常的出租汽车经营者发展前景稳定；

(2)出租汽车从业人员能够获得基本的劳动保障，从业人员收入不低于交通运输行业的平均收入水平；

(3)出租汽车企业和驾驶员的法律意识、诚信意识、节能减排与环境保护意识等普遍提高；

(4)出租汽车行业为提升城市服务能力，创建资源节约、环境友好型城市，保障城市可持续发展做出应有贡献。

第五节 “互联网+”背景下城市出租汽车运营模式转变

在滴滴、快的等“互联网+小汽车出行服务”平台出现以前，我国中心城市出租汽车以巡游出租汽车服务方式为主，主要采取公司化经营(细分为公车公营和承包经营两种模式)、挂靠经营、个体经营等运营模式，政府主推的是公司化经营模式。除上海等少数城市政府强力支持建立了出租汽车公共信息服务平台外，国外常见的出租汽车呼叫中心等公益性或经营性的出租汽车合作组织发展缓慢，因此，出租汽车组织化经营的模式并不多见。“互联网+小汽车出行服务”平台的强势登场，对以往以出租汽车公司为核心的运营模式提出了重大挑战，同时也为推广更符合出租汽车服务特点的组织化运营模式创造了条件。

“互联网+”与传统交通融合催生的“互联网+小汽车出行服务”平台是先进生产力在传统出租汽车行业推广应用的具体体现，无疑是值得鼓励和支持的。“互联网+小汽车出行服务”平台极大可能推动出租汽车运营模式向更大规模的组织

化运营方式转变。尽管一些"互联网 + 小汽车出行服务"平台试图逃避其应当承担的实体企业责任,但平台具有的各类专车服务定价、撮合费用定价、驾驶员资质认定与信用管理、车辆信息管理等,事实上已经承担并且超出了传统出租汽车企业承担的责任,也因此拥有比传统出租汽车企业更大的定价权力。许多迹象表明,"互联网 + 小汽车出行服务"平台正在逐步替代传统出租汽车企业占据城市出租汽车行业的主导地位。

未来,各级交通运输管理部门将移动互联网撮合平台作为重点监管对象。政府通过加强对平台提供的各种交易服务费用的监管和平台自身信用体系建立的监管,保障从业人员和乘客的基本权益。

第六节 "互联网 + "背景下出租汽车的行业治理方式转变

出租汽车管理并没有可以复制的标准模式,但是从历史和发展的眼光看,仍可以从一些发达国家城市出租汽车行业管理的成功经验中,提炼出租汽车管制政策变化的总体趋势:放松各类城市出租汽车特别是约租车数量限制及经营权管制,强化从业人员与运营车辆准入管理,强化服务质量动态监督管理,放松费率管制或逐步实行地区或城市统一的价格上限等。

综合中心城市出租汽车发展现状、发展环境条件与市场变化态势分析,以及出租汽车行业定位以及出租汽车行业政府管理理念、目标、职责要求,未来一个时期,中心城市出租汽车行业管理的总体思路是:在按照出租汽车行业定位要求科学合理制订城市出租汽车发展规划的基础上,以"互联网 + "技术为行业发展方式转变新引擎,以保障出租汽车运营安全、提升出租汽车服务品质为核心目标,以回归出租汽车经营性经济属性为主线,以市场服务细分、结构优化为抓手,以实行更加灵活的费率政策为突破口,以全面提升全行业信息化水平为支撑,以集约化、组织化经营模式为平台,增强出租汽车市场的竞争活力,营造多元化发展的良好环境,提高出租汽车运输组织效率,切实保障市场各类主体的合理权益,引导行业实现可持续健康发展。

按照行业定位、行业目标与治理思路的要求,出租汽车行业治理的基本方式有:实现部门协同治理、市场分类治理,同时,在国家政策法规体系框架下,强化属地管理、实现精细治理。

一、部门协同治理

在我国现行的行政管理体制下，各级交通运输主管部门责无旁贷地承担着出租汽车专业领域的行业管理职能。但是，人力资源与社会保障、发展与改革、公安、商务、人民银行、工业和信息化等相关政府部门也具有出租汽车市场的相关管理职能。特别是在“互联网+”与传统服务业广泛融合的背景下，许多新出现的市场失灵现象不属于行业主管部门的主要职责范围，无法由行业主管部门独立解决。因此，“互联网+”背景下，出租汽车行业治理首先强调要实现各政府部门间的协同化治理。在交通运输主管部门与其他出租汽车相关管理部门之间，要确保全面正确地履行政府及主管部门对出租汽车行业的相关管理职能。

交通运输主管部门应做好行业规划、市场准入与监管工作。根据各级交通运输主管部门与管理机构的出租汽车行业管理职能定位要求，结合中心城市出租汽车发展阶段特点和外部环境条件，确定出租汽车行业的管理重点是出租汽车（巡游出租汽车、约租车）行业发展规划，出租汽车从业人员资格认证与运营车辆的市场准入，出租汽车运营安全与服务质量动态监管，出租汽车市场运行状态的监控评估以及相应的管制政策调整优化策略研究等。同时，推动和配合物价、人力资源和社会保障、工业和信息化、人民银行等部门履行费率管制、弱势群体保护、互联网平台监管与反垄断等相关职能。

人力资源与社会保障、发展与改革、公安、商务、人民银行、工业和信息化等相关政府部门应相应承担指导并监督出租汽车行业实施《中华人民共和国劳动法》、实施出租汽车费率管制、“黑车”及“互联网+私人小汽车”专车规范化管理、“互联网+专车服务”交通撮合平台涉及的商业欺诈、个人隐私安全等职能。

美国经验：强调政府多部门协同管理

在“互联网+专车服务”的法律问题讨论中，美国各州及城市贸易、劳工、财税、法院、检察、金融、警察、交通等不同监管机构都有深度参与。其中检察机关、金融管理与交通部门最为活跃。互联网企业、传统出租汽车企业、预约出租汽车企业、保险企业、驾驶员、相关协会等，也纷纷通过司法途径提出诉求。除此之外，乘客、受影响或损害的第三方、残障协会等社会相关利益方也参与其中。

二、市场分类治理

很长一段时间以来，我国约租车市场基本处于空白状态（2015年，广州推出我国第一批正规约租车），约租车的法规政策体系也非常不完善。交通运输部颁布的

《出租汽车经营服务管理规定》对预约出租汽车服务（即约租车）的管理规定非常少，仅在《出租汽车经营服务管理规定》的第二十条规定："县级以上道路运输管理机构应当按照出租汽车发展规划，发展多样化、差异性的预约出租汽车经营服务。预约出租汽车的许可，按照本章的有关规定执行，并在《出租汽车经营行政许可决定书》、《道路运输经营许可证》、《道路运输证》中注明，预约出租汽车的车身颜色和标识应当有所区别。"仅以这一条规定，很难指导中心城市对约租车特别是"互联网 + 专车服务"进行规范管理。

根据中心城市出租汽车市场细分模型研究，考虑到行业类型以及市场失灵现象的差异性，结合国际大城市出租汽车行业治理的经验，除坚持出租汽车经营权的无偿及有期限的使用，同等的道路客运从业人员资质（道路客运、公共汽电车和出租汽车从业资质任意一种均可）、运营车辆的要求和运营安全监管之外，应对巡游出租汽车、普通约租车和高端约租车实施分类管理。

（1）巡游出租汽车：以经营权期限管理为抓手，逐步减少巡游出租汽车市场份额；建立巡游出租汽车服务与公共交通服务的合理比价关系，在坚持巡游出租汽车的费率标准管制的同时，建立巡游出租汽车运价动态调节机制，推动巡游出租汽车服务的费率标准与市场接轨。

（2）普通约租车：在城市交通规划和出租汽车行业发展规划的指导下，逐步扩大市场规模；实施更加灵活的费率管制政策，以巡游出租汽车的费率标准为比照，对约租车的租费规定上下限标准。在上下限内由市场机制决定最终费率标准。

（3）高端约租车：实施严格的费率下限管制，明确高端约租车与巡游出租汽车、普通约租车的市场区分度。在费率下限管制的前提下，高端约租车的规模完全交由市场机制调节，不受总量限制。

（4）特种约租车：参考普通约租车和高端约租车的费率标准进行定价。考虑到特种约租车服务具有一定的公益性质，政府要求规模出租汽车企业或"互联网 + 小汽车出行服务"平台保障提供一定数量的特种约租车，政府对特种约租车服务给予一定的政策性亏损补贴。

按照出租汽车市场细分和实施分类管理的要求，应将"互联网 + 专车服务"纳入普通约租车和高端约租车的规制体系架构，并对"互联网 + 小汽车出行服务"的四种类型给予分类指导：

（1）"互联网 + 打车服务"的政府监管。"互联网 + 打车服务"平台与经营性的出租汽车电召服务平台类似，本质上是为传统出租汽车提供的一种基于创新技术应用的更先进交易撮合方式。应纳入《出租汽车经营服务管理规定》政府监管体系框架。

上海案例：“出租汽车信息服务平台”整合滴滴打车软件

上海出租汽车管理部门将滴滴打车的运营车辆、驾驶员及实时服务信息纳入上海“出租汽车信息服务平台”，实现了行业动态监管。滴滴平台的运营纳入“出租汽车信息服务平台”后，能够实现车辆运营状态识别，承接滴滴打车预约业务的车辆，其顶灯实时转换成“电调”，能有效消除乘客扬招中存在的误解。同时平台还可对载有乘客的车辆进行屏蔽，不再发送预约信息，提高车辆运营安全性。

(2)“互联网+租赁专车服务”及“互联网+私人小汽车专车服务”均应纳入约租车政府监管架构。其中，“互联网+租赁专车服务”适合平台自营模式，即平台上的所有车辆所有权归平台运营商所有，平台上的所有车辆应具备从事约租车服务的经营资质，平台运营商负责培训或招聘具有约租车从业资格的驾驶员，在此基础上，严格按照各类约租车的收费标准组织运营。“互联网+私人小汽车专车服务”适合选择平台服务提供商的定位。选择此种定位的平台运营商，应严格按照约租车管理相关法规要求，严把平台准入关，对不符合约租车管理相关法规规定的车辆及驾驶员，不许纳入平台运营，平台内不符合约租车管理相关法规规定的车辆及驾驶员从事出租汽车服务发生责任事故的，平台运营商必须承担相应的经济责任和法律责任。同时，政府管理部门同样需要督促监管平台严格按照各类约租车的收费标准组织运营。

(3)“互联网+汽车共享服务”。各城市可参照《北京市交通委员会关于北京市小客车合乘出行的意见》(京交法发〔2013〕290号)，按照公益性、互助型合乘的要求进行管理。不能满足各类出租车服务监管基本要求的“互联网+私人小汽车专车”服务，亦应纳入“互联网+汽车共享服务”的范围，不允许从事经营性活动。

三、强化属地管理

出租汽车管理实施国务院、省级人民政府、中心城市人民政府三级管理体制。

交通运输大部制改革后，出租汽车的行业管理体制基本理顺。但中央与地方的职责划分仍不太清晰，还不同程度地存在缺位、越位与不到位的现象。需按照新的管理理念与管理目标要求进行全面梳理。

按照“加强中央政府宏观调控职责和能力，加强地方政府公共服务、市场监管、社会管理、环境保护等职责”的要求，出租汽车适宜“属地管理”的原则，中央与地方职责分工如下。

国务院交通运输主管部门及国务院相关部门的职责。按照全面深化改革、减政放权的要求,国务院交通运输主管部门及相关部门应强化宏观调控职能,加强出租汽车行业发展方向及行业管理原则性指导。主要职责包括以下五项:

(1)出租汽车相关国家法规的制定与实施监督,特别是“互联网+”与传统出租汽车行业融合相关法律法规的尽快出台。

(2)出租汽车行业发展方向的政策性指导。

(3)《中华人民共和国道路交通安全法》、《中华人民共和国劳动法》等相关国家法规在出租汽车行业实施的指导与监督。

(4)出租汽车行业发展战略性、预警性、前瞻性研究。

(5)出租汽车行业技术标准规范体系建设等。

中心城市政府、交通运输主管部门及城市政府相关部门的职责。按照出租汽车属地管理的原则,应给予地方出租汽车管理的更大自由裁量权和创新空间。主要职责包括以下十项:

(1)依据国家或省级上位法制定本市出租汽车相关法规。

(2)编制城市出租汽车发展规划。

(3)制定本市出租汽车相关行业发展政策。

(4)出租汽车市场运行状态监控评估以及相应的管制政策调整优化策略研究。

(5)依法实施本市出租汽车市场准入管理。

(6)依法实施出租汽车服务质量与运营安全监管。

(7)依法对本市出租汽车运营违法违章行为实施行政处罚、行政复议。

(8)依法对本市出租汽车费率实施指导和监管。

(9)在出租汽车行业落实《中华人民共和国劳动法》等相关法规。

(10)出租汽车地方技术标准规范体系建设等。

《地方各级人民代表大会和地方各级人民政府组织法》第60条规定:“...省、自治区的人民政府所在地的市和经国务院批准的较大的市的人民政府,可以根据法律、行政法规和本省、自治区的地方性法规,制定规章,报国务院和省、自治区的人民代表大会常务委员会、人民政府以及本级人民代表大会常务委员会备案。”《中华人民共和国立法法》相关规定确立了经济特区所在地的市人民政府作为地方政府规章制定机关的地位。根据上述两个国家法律规定,36个中心城市均有地方政府规章制定权。中心城市享有地方立法权力,中心城市人民政府应充分行使中心城市立法权,建立健全地方层面的城市出租汽车管理政策法规体系,切实履行城市人民政府出租汽车管理的主体责任。

城市人民政府还应结合本市出租汽车的发展阶段特点、市场特征和行业发展外部环境条件,以"互联网+"科技为行业发展方式转变新引擎,推动中心城市出租汽车行业改革。

国际经验:强化出租汽车行业属地管理

发达国家对出租汽车行业在保障公共安全的前提下,更加强调属地管理。在Uber的发源地美国,对"互联网+专车"及"互联网+互助拼车",主要是由各州主导立法设定各种条件进行规范,联邦政府相关部门更多是积极向地方立法与监管部门提供意见。

四、实现精细管理

城市交通运输主管部门应主动转变出租汽车管理方式,充分发挥信息科技和"互联网+"的改革新引擎作用,推动出租汽车发展规划形成机制、出租汽车费率形成与调整机制以及出租汽车市场动态监管机制的创新。

(1)推动运价形成机制创新。研究分析财税体制改革及基础品价格改革对出租汽车运价的影响,研究取消出租汽车油价临时性补贴对出租汽车运价调整的影响,在现有的出租汽车运价与油价联动机制上,尽快建立适应国家基础品价格改革趋势与行业定位的运价形成机制,推动建立标准规范、严谨高效的出租汽车运价调整流程。

(2)推动行业发展决策机制创新。决策机制创新的核心是出租汽车发展规划编制方式的创新。应鼓励协会、出租汽车企业、从业人员与城市居民共同参与规划编制工作,一同探讨本市出租汽车的发展方向,以便相关主体更加客观、全面地了解本市的出租汽车在城市交通运输服务体系中的地位和作用以及未来的发展趋势,使各出租汽车相关主体降低对利益的预期。

(3)推动市场监管方式创新。我国出租汽车行业由于劳动报酬、社会保险、劳动条件等方面引发的矛盾,本质上看,不是实行公司化经营还是个体化经营模式引起的,而是政府缺乏对经营者与出租汽车驾驶员的严格监管以及切实有效的管理手段与措施引起的。因此需要加快信息化建设,推动市场监管方式创新,提高市场监管能力。放松企业对驾驶员承包费收取限额管理,运用信息技术,加强对出租汽车驾驶员承包经营费的规范收取与使用过程的监管。强化对从业人员的服务质量投诉、经济收入变化的监管,适度提高从业人员准入门槛,建立与从业人员挂钩的经营权退出机制,探索一条不依赖规模企业管理驾驶员的出租汽车发展创新模式。通过对企业、驾驶员、乘客等相关主体的动态监控,增强政府行业管理的预警能力。

改革动态:信息技术推动监管方式创新

随着信息技术在出租汽车行业的广泛应用,许多困扰科学管理的难题都有了破解之道。出租汽车监管与运营平台的推广使用,使出租汽车运营过程中的动态监管和服务质量投诉取证能力大大提高,困扰行业多年的个体经营户管理难、出租汽车驾驶员服务投诉举证难问题得到较好解决。深圳、广州、成都等中心城市,推进的出租汽车行业数字化、智能化管理,构建了统一高效的监管服务平台,政府摆脱了依赖企业对出租汽车驾驶员进行监管的局面,城市出租汽车行业规模控制、费率制订、企业承包费核算等重要管理职能开始从定性管理向定量管理转变。

(4)推动运营组织方式创新。国家鼓励组织化、公司化经营。出租汽车组织化运营是指规模各异的出租汽车企业和个体经营业户,通过自建或加入非营利、微利的出租汽车运营管理服务平台,平等享受到高效的运营调度、信息服务以及严格的安全管理的一种集约化运营管理模式。应鼓励大型出租汽车企业建立出租汽车运营管理服务平台,并为中小出租汽车企业及个体户提供微利的组织化运营服务;支持城市政府牵头组织或引导社会力量,探索成立非营利或微利的出租汽车组织化运营平台;建立由个体、民营企业共同参与的出租汽车服务网络,为中小出租汽车企业及个体经营业户提供运营调度、信息与安全管理等服务。

第八章

促进中心城市出租汽车健康发展的政策措施

我国出租汽车行业健康发展，既需要建立健全相关法律法规来规范行业管理，同时也需要国务院交通运输主管部门和出租汽车管理相关部门，结合当前复杂的外部环境与各种矛盾交织的行业发展现状，着眼于促进出租汽车长期可持续发展，通过制定系统性的、有针对性的行业政策来引导行业沿着正确的方向发展。政策措施的选择与制定应坚持以下两项原则。

一是标本兼治、内外兼修。政策制定要考虑有利于出租汽车行业长期稳定发展的治本性政策，不断改善出租汽车行业发展的外部环境，又要及时对当前出租汽车行业的热点问题、紧迫问题提出解决思路。

二是部门协作、综合施策。政府交通运输主管部门和相关部门按照出租汽车相关管理职责要求，围绕当前突出问题、未来发展趋势与行业定位要求，紧密协作，从国家层面提出各类指导行业健康发展的综合性、引导性、鼓励性、限制性政策措施。

按照标本兼治、内外兼修、部门协作、综合施策的原则，从国家层面形成指导行业健康发展的综合性、引导性、鼓励或限制性政策措施工具库。工具库可分为以下三种类型：

第一类：国务院牵头出台的综合性政策措施。

第二类：国务院相关部委牵头联合出台的专项政策措施。

第三类：国务院交通运输主管部门出台的政策措施。

第一节　加大对中心城市优先发展公共交通的政策支持力度

优先发展公共交通政策定位为长期的综合性政策，目标是改善出租汽车发展外部环境，促进出租汽车服务功能和基本经济属性的回归。

优先发展公共交通政策措施的内容包括国家层面应加大中心城市公共交通基础设施的建设投资，将中央车购税、燃油税收入及中央财政转移支付资金的分配向城市公共交通倾斜。通过加大中心城市公共交通的基本服务供给，缓解中心城市因公共交通基本服务供给不足引发的城市居民结构性"打车难"问题，为出租汽车服务功能定位与基本经济属性的回归提供条件。

优先发展公共交通政策措施是十分必要的，按照优先发展公共交通的国家战略要求，尽快确立公共交通在中心城市交通系统中的主导地位，通过加大公共交通基本服务供给解决城市居民上学、上班、购物等"出行难"的问题，是促进出租汽车合理的服务功能定位和经营性基本经济属性回归的必要前提。出租汽车的服务功能定位是“门到门”的、个性化的高端出行服务。出租汽车在我国中心城市公共客运系统的合理地位是作为公共交通出行方式的辅助和补充。目前部分城市因公共交通基本服务供给不足引发的结构性“打车难”问题、出租汽车运价调整阻力很大问题等,很难通过出租汽车市场自我调节来解决。只有先在城市公共客运系统层面解决“出行难”的问题,才能够为有针对性地解决结构性“打车难”问题奠定基本条件。

地方政策诉求——支持优先发展城市公共交通

济南:作为城市公共客运的主导力量,公共交通是广大人民群众出行的第一选择,理应加大扶持力度,促进公共交通的飞跃发展,促使其在城市出行方面承担起更加重要的任务。只有公共交通发达了,城市综合运输体系才能协调发展,出租汽车行业才能健康有序规范发展。

——36 个中心城市出租汽车行业管理部门函调意见反馈

第二节 加强“互联网 + 交通”服务的指导与监管

加强“互联网 + 交通”服务的指导与监管政策定位为近中期措施。政策目标是:解决“互联网 + ”与传统出租汽车行业融合过程中出现的各种问题,营造竞争有序、健康发展的内部环境。

加强“互联网 + 交通”服务的指导与监管政策措施的内容:针对我国“互联网 + ”传统城市交通融合发展的相关法律法规相对滞后的现状,国务院有关部门尽快出台开展“互联网 + ”便捷交通行动的相关指导意见,明确鼓励互联网 + 专车服务规范发展的政策导向。同时,围绕“互联网 + 专车服务”存在的非运营车辆从事经营活动的安全隐患,交易撮合平台涉及的个人信息安全和隐私保护,交易撮合平台垄断可能带来的对出租汽车从业人员、乘客等弱势群体利益侵害等各类市场失灵问题,出台政府监管的具体指导意见,为出租汽车行业发展营造竞争有序、健康发展的内部环境,确保“互联网 + 专车服务”在政府监管架构下规范健康发展。

加强“互联网 + 交通”服务的指导与监管政策措施提出的必要性:“互联网 + 专车服务”,是《国务院关于积极推进“互联网 + ”行动的指导意见》的重点行动——“互联网 + ”便捷交通行动的组成部分。国家在制订“互联网 + ”便捷交通行动的指导意见时,应将支持引导“互联网 + 专车服务”规范发展纳入指导范围。

第三节　推进建立更加灵活的价格形成与调节机制

推进建立更加灵活的价格形成与调节机制政策定位为长期政策。政策目标是：充分利用价格杠杆和市场调节机制，促进出租汽车服务功能和基本经济属性的回归。

推进建立更加灵活的价格形成与调节机制政策措施的内容：国务院有关部门应加强对财税体制改革及基础品价格改革对出租汽车运价影响，以及取消出租汽车油价临时性补贴对出租汽车运价调整影响的研究分析，在现有的出租汽车运价与油价联动机制上，明确中心城市出租汽车行业按经营性属性定位进行成本与收益核算，提出出租汽车行业成本核算的基本要求，指导中心城市尽快建立适应国家基础品价格改革趋势与行业定位的更加灵活的定价机制和运价调整机制。

推进建立更加灵活的价格形成与调节机制政策措施提出的必要性：推进出租汽车运价改革，逐步形成科学合理的出租汽车价格机制，实现出租汽车成本、服务质量、运价、合理收益等联动，是出租汽车经营性属性回归的必要条件。

地方政策诉求——出租汽车行业中涉及的价格体系需要科学制定

南京：目前，国内很多城市借鉴上海出租汽车管理体制的经验，推行公司化经营模式，其中一个显著的手段就是由行业制定承包金指导价标准作为企业向驾驶员的收费标尺。但近年来，随着出租汽车行业运营成本的不断提升，企业利润开始不断下滑，同时，驾驶员群体也因社会其他行业收入水平大幅提升而倍感委屈。在此背景下，承包金指导价标准成了“烫手山芋”，提高标准显然无舆论基础，降低标准企业则无法承受。此外，出租汽车运价调整也成为社会热点话题之一，仅各地制定的出租汽车油价运价联动机制就屡屡吸引媒体的深度关注，出租汽车运价调整的听证会也被公众视作提价的先兆。诚然，出租汽车驾驶员、消费者群体分别对行业指导价、运价标准的评价基于自身利益表达，但这两种价格体系的制定或多或少缺少科学手段并伴有不透明现象。事实上，出租汽车运价应该与行业运营成本、供求关系、通货膨胀等因素建立联动机制，目前仅与油价联动是远远不够的。行业指导价标准的制定也应以出租汽车企业经营成本监审结论为依据，建立与社保费用、税费成本、用工成本、CPI 指数等因素的关联机制，并向社会及时发布，增加信息的透明度，以博取从业人员及社会公众的理解和认可。

——36 个中心城市出租汽车行业管理部门函调意见反馈

第四节　完善出租汽车行业用工与劳动保障制度

完善出租汽车行业用工与劳动保障制度政策定位为长期政策。政策目标是：促进依法行政，改善出租汽车发展的内部环境。

完善出租汽车行业用工与劳动保障制度政策措施的内容：国务院有关部门应结合出租汽车从业人员的职业特点，按照"政府职能向维护公平正义方向转变"及"努力提高劳动报酬在初次分配中的比重"的要求，对劳动关系复杂的出租汽车行业提供权威指导。解决当前《中华人民共和国劳动法》(以下简称《劳动法》)在出租汽车行业实施缺乏行业指导、难以落实的问题，重点对出租汽车行业劳动关系确认，员工无限期合同签订条件，终止合同经济补偿，社保及社保关系转移、衔接，劳动工时核定，休假制度等行业各方主体理解分歧较大的条款，研究提出符合出租汽车行业特点的《劳动法》实施细则。

完善出租汽车行业用工与劳动保障制度政策措施提出的必要性：建立出租汽车行业和谐劳动关系是增强出租汽车驾驶员职业吸引力、保障服务质量的重要基础。

按照"政府职能向维护公平正义方向转变"及全面推进依法行政的要求，解决当前《劳动法》在出租汽车行业实施缺乏行业指导、难以落实的问题，改善行业发展法制环境，指导中心城市维护出租汽车作为弱势群体的基本权益，为行业发展创造良好的环境。按照十八大提出的"努力提高劳动报酬在初次分配中的比重"，对劳动关系复杂的出租汽车行业提供权威指导。

地方政策诉求——完善出租汽车驾驶员劳动保障制度

南京：《中华人民共和国劳动合同法》已于2008年1月1日实施，该法的实施对规范企业用工、维护劳动者权益、构建和谐社会是有益的。但就劳动关系复杂的出租汽车行业而言，处境十分尴尬。由于出租汽车企业不同于一般的工商企业，其具有个体流动作业、不定时工作制、劳动剩余价值归驾驶员所有等特质，使得企业在执行劳动合同法时产生较多的困惑和困难，主要表现在：一是驾驶员带薪休假问题；二是驾驶员加班费问题；三是企业与驾驶员签订无固定期劳动合同问题；四是企业与驾驶员解除或者终止劳动合同的经济补偿问题；五是工会、企业劳动规章、集体合同问题等。此外，实行公司化经营模式的出租汽车企业与驾驶员同时签订经营承包合同和劳动合同，如果双方产生纠纷，究竟该用劳动关系还是民事关系进行调整，有关部门、专家学者、业内人士对此仍存有争议。因此，政府应该在司法解释及司法实践中对出租汽车行业劳动用工给予明确界定驾驶员补偿、病假等方面的标准或指导性规定，以便于在企业和员工有劳动争议时司法部门统一口径执行。

广州：建议会同相关部委提出保障出租汽车驾驶员劳动权益保障（如劳动关系确认、工时、休息、休假制度等）和符合出租汽车驾驶员实际参加社保及社保关系转移、衔接的具体指导意见。

——36个中心城市出租汽车行业管理部门函调意见反馈

第五节　开展"互联网+"约租车管理模式试点

开展"互联网+"约租车管理模式试点政策定位为近中期政策。政策目标是：正确引导"互联网+专车服务"的规范发展，为制订约租车经营服务管理部门规章，将互联网+专车服务纳入约租车的规范管理框架提供支撑。

开展"互联网+"约租车管理模式试点政策措施的内容：国务院交通运输主管部门明确鼓励发展约租车经营服务的政策导向，切实履行交通运输主管部门在以"互联网+专车服务"方式运营的约租车的安全与服务质量监管责任。选择有条件的中心城市开展"互联网+专车服务"按照约租车管理的试点工作，通过合理有序发展中心城市约租车，激发中心城市出租汽车市场竞争活力，提高出租汽车运输效率，同时，也为国家及交通运输部门制订约租车经营服务相关法规与部门规章提供支撑，为将"互联网+专车服务"纳入约租车管理的具体模式提供参考。

开展"互联网+"约租车管理模式试点政策措施提出的必要性：加快推进出租汽车市场结构优化与服务细分是实施更加灵活的出租汽车费率政策的重要基础。

1.鼓励出租汽车协会等中介组织参与行业治理

鼓励出租汽车协会等中介组织参与行业治理政策定位为长期政策。政策目标是：推进出租汽车行业治理体系现代化，鼓励出租汽车行业自律，形成社会公治模式。

鼓励出租汽车协会等中介组织参与行业治理政策措施的内容：国务院交通运输主管部门应借鉴国外经验，支持出租汽车行业中介组织按照"推行企业工资集体协商制度，保护劳动所得"的要求，在协调企业与从业人员的利益分配上发挥重要作用。鼓励行业中介组织独立开展出租汽车市场变化与发展趋势预测分析，鼓励行业中介组织参与中心城市出租汽车发展规划、出租汽车成本核算方法与定价调价机制等制度设计等,充分发挥行业中介组织在营造良好市场发展环境、促进行业健康发展中的重要作用。

鼓励出租汽车协会等中介组织参与行业治理政策措施提出的必要性:支持出租汽车协会等中介组织参与行业治理,鼓励出租汽车行业自律、自治,是创新出租汽车社会共治模式,加快推进出租汽车行业治理体系现代化的必然要求。

地方政策诉求——引导出租汽车服务方式调整优化

济南:当前,全国各地出租汽车运营的主要方式是巡游,即出租汽车漫无目的地在市区道路寻客,这既造成燃料资源、道路资源和人力资源的浪费,又加大了尾气排放,造成环境污染,城市交通拥堵,造成乘客"打车难"。因此,建议借鉴国外出租汽车的运营模式,在完善相关基础设施的情况下,充分利用信息化技术,大力推广出租汽车电召、约租运营模式,实现国内出租汽车以巡游方式为辅,驻点候租经营为补充,以电召或者约租为主的运营模式调整。

——36个中心城市出租汽车行业管理部门函调意见反馈

2. 加强对出租汽车行业定位的宣传与舆论引导

加强对出租汽车行业定位的宣传与舆论引导政策定位为近中期政策。政策目标是:引导社会公众正确认识出租汽车的服务功能定位,引导出租汽车经营者和从业人员正确认识出租汽车在城市交通系统的地位和出租汽车的发展前景,调整出租汽车经营者和从业人员对利益的合理预期。

加强对出租汽车行业定位的宣传与舆论引导政策措施的内容:国务院交通运输主管部门应组织动员网络电视媒体、专业研究机构、公益性组织等社会力量,在全国范围开展形象生动、形式多样的出租汽车行业定位和发展趋势大宣传。一方面,引导社会公众正确认识出租汽车的服务功能定位,消除将"出行难"归咎为"打车难"的认识误区,引导城市居民选择合理的交通出行方式与正确的出租汽车消费习惯。另一方面,引导出租汽车经营者和从业人员正确认识出租汽车在城市交通系统的地位和出租汽车的发展前景,调整出租汽车行业相关利益主体的合理预期,为行业发展营造良好的外部环境,为推动中心城市出租汽车改革创造条件。

加强对出租汽车行业定位的宣传与舆论引导政策措施提出的必要性:凝聚政府、社会以及出租汽车经营者、从业人员、乘客等行业利益相关方对出租汽车行业定位和发展趋势的共识,是破解出租汽车相关利益主体间的各类矛盾和改善市场发展环境的重要措施。

地方政策诉求——迅速提高行业定位的社会认知度

济南：建议在全国范围内自上而下掀起行业定位大宣传，利用舆论造势，提高行业定位的社会认知度，为行业发展营造良好的外部环境，为各级城市管理者提供正确的决策依据。

——36个中心城市出租汽车行业管理部门函调意见反馈

第六节　完善出租汽车相关标准规范技术体系

完善出租汽车相关标准规范技术体系政策定位为长期政策。政策目标是：更多地采用技术手段规范行政管理，提升行业管理的科学性、规范性、公平性。

完善出租汽车相关标准规范技术体系政策措施的内容：国务院交通运输主管部门应围绕出租汽车发展规划、费率形成机制、信息化应用、“互联网+专车服务”平台功能等需求，加快开展出租汽车行业标准规范体系建设，逐步完善各类国家、行业、地方标准规范，为各级政府及交通运输主管部门的法规与政策实施提供技术支撑，促进出租汽车管理部门更多地采用技术手段规范行政管理，提升行业管理的科学性、规范性、公平性。

完善出租汽车相关标准规范技术体系政策措施提出的必要性：健全的出租汽车标准规范体系是出租汽车科学化、规范化管理的重要技术条件，可以促进中心城市出租汽车行业健康发展。

附　　录

中心城市出租汽车社会调查分析报告

为反映乘客与出租汽车驾驶员两大利益相关主体的声音,在中国国际民间组织合作促进会"绿色出行专项基金"、搜狐公益栏目组的协助下,以 2013 年交通运输部软科学项目为依托,本书编写组分别组织开展面向乘客和出租汽车驾驶员的出租汽车服务网上调研,以及 10 多个城市出租汽车驾驶员现场调研。

一、中心城市出租汽车社会调查基本情况

(一)中心城市出租汽车乘客调查情况

参与现场调研的城市有:沈阳、北京、上海、宁波、青岛、武汉、杭州、南京、厦门、成都、兰州 11 个城市。

协助开展网上调查的媒体机构:搜狐公益栏目。

调研样本量:5000 份。

实际回收样本量:3542 份,其中现场 2956 份,网上 586 余份。附表 1 是现场调查反馈问卷分布情况。

出租汽车乘客现场调查反馈问卷分布情况　　附表 1

序　　号	城　　市	反 馈 份 数
1	沈阳	128
2	北京	379
3	上海	400
4	宁波	380
5	青岛	354
6	武汉	296
7	杭州	44
8	南京	400
9	厦门	30
10	成都	337
11	兰州	208
合计		2956

(二)中心城市出租汽车驾驶员调查情况

参与现场调研的城市:北京、上海、武汉、杭州、南京、成都、兰州 7 个城市。

协助开展网上调查的媒体机构:搜狐公益栏目

调研样本量:800 份。

实际回收样本量:822 份,其中现场调查 664 份,网上调查 158 份。附表 2 是现场调查反馈问卷分布情况。

出租汽车乘客现场调查反馈问卷分布情况　　附表 2

序　　号	城　　市	反馈份数
1	北京	107
2	上海	101
3	宁波	100
4	青岛	80
5	杭州	69
6	成都	110
7	兰州	97
合计		664

二、中心城市出租汽车乘客调研问卷分析

(一)“出租汽车出行的主要出行目的调查”结果分析

1. 参与调查城市总体反馈情况

参与“出租汽车出行的主要目的调查”的所有城市数据汇总附图 1 所示。按不同人群所占的比例从高到低排序为:(车站、机场)接送亲友/客人、购物/休闲、上班/学、异地出行、商务出行、其他。其中,(车站、机场)接送亲友/客人、异地出行、商务出行等具有特殊服务特征的出行总比例为 51.2%;购物/休闲、上班/学等具有基本服务特征的出行总比例达 42.5%,说明目前中心城市出租汽车仍承担着相当比例的公共交通基本服务功能。

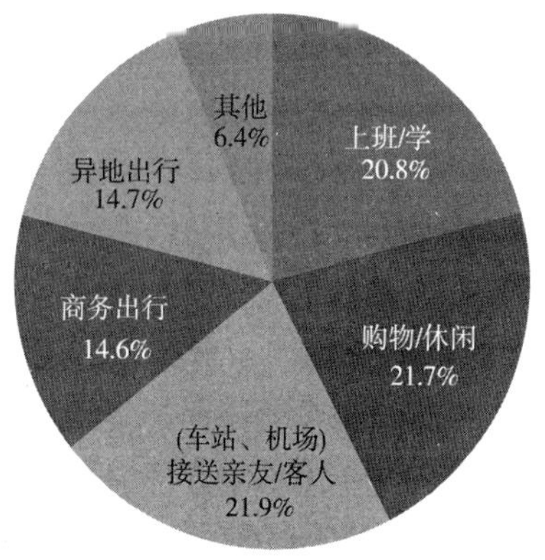

附图 1　被调研城市出租汽车出行目的汇总

2. 代表性城市反馈情况

1)北京反馈情况

北京“出租汽车出行的主要目的调查”数据汇总如附图 2 所示。按不同人群所占的比例从高到低排序为:商务出行、异地出行、上班/学、(车站、机场)接送亲友/客人、购物/休闲、其他。

(车站、机场)接送亲友/客人、异地出行、商务出行等具有特殊服务特征的出行总比例为72.1%;购物/休闲、上班/学等具有基本服务特征的出行总比例为25.8%,基本符合出租汽车服务功能特征。

2)沈阳反馈情况

沈阳“出租汽车出行的主要目的调查”数据汇总如附图3所示,按不同人群所占的比例从高到低排序为:上班/学、购物/休闲、(车站、机场)接送亲友/客人、商务出行、其他、异地出行。其中,(车站、机场)接送亲友/客人、异地出行、商务出行等具有特殊服务特征的出行总比例为41.9%,购物/休闲、上班/学等具有基本服务特征的出行总比例达58.1%,说明目前沈阳出租汽车仍承担着相当比例的公共交通基本服务功能。

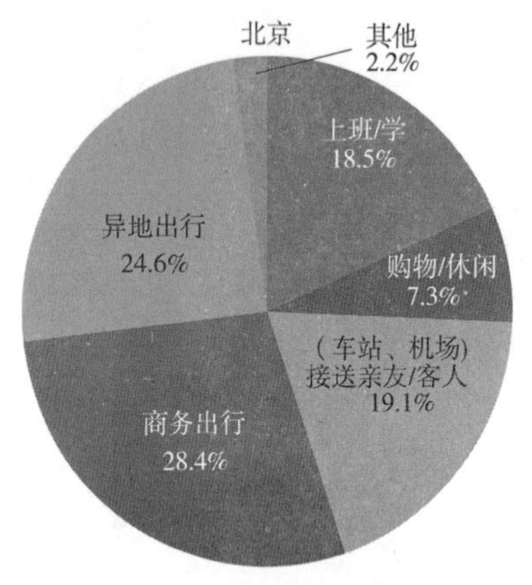

附图2 北京出租汽车出行目的分析

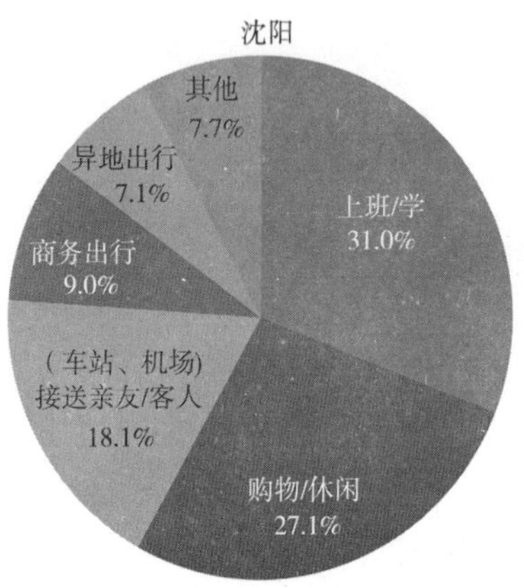

附图3 沈阳出租汽车出行目的分析

(二)“选择出租汽车出行的原因调查”结果分析

1. 参与调查城市总体反馈情况

参与“选择出租汽车出行的原因调查”的所有城市数据汇总如附图4所示。按不同人群所占的比例从高到低排序为:赶时间、不熟悉路线、公共交通不方便、因健康原因行动不便、不能忍受公共交通环境、单位报销、没有其他交通方式、其他。其中,因单位报销、不能忍受公共交通环境、因健康原因行动不便等原因选择乘坐出租汽车的总比例为26.8%;赶时间、不熟悉路线、公共交通不方便、没有其他交通方式等原因选择乘坐出租汽车的总比例达72.5%,进一步说明由于公共交通的覆盖率、便捷性、信息服务水平等不足原因使得城市居民不得不选择乘坐出租汽车。

2. 代表性城市反馈情况

1)北京反馈情况

北京“选择出租汽车出行的原因调查”数据汇总如附图5所示。按不同人群所占的比例从高到低排序为:单位报销、赶时间、公共交通不方便、没有其他交通方式、不熟悉路线、不能忍受公共交通环境、因健康原因行动不便等。其中,因赶时间、不熟悉路线、公共交通不方便、没有其他交通方式等原因选择乘坐出租汽车的总比例为57.1%,较所有调研城市的平均值低约15%。说明北京公共交通基本服务的覆盖率、便捷性等服务水平相对较好,市民对出租汽车的依赖程度相对较低。

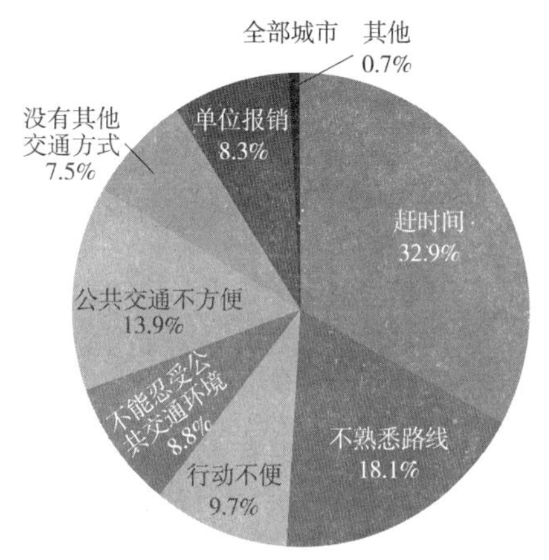

附图4　全部城市选择出租汽车出行原因分析

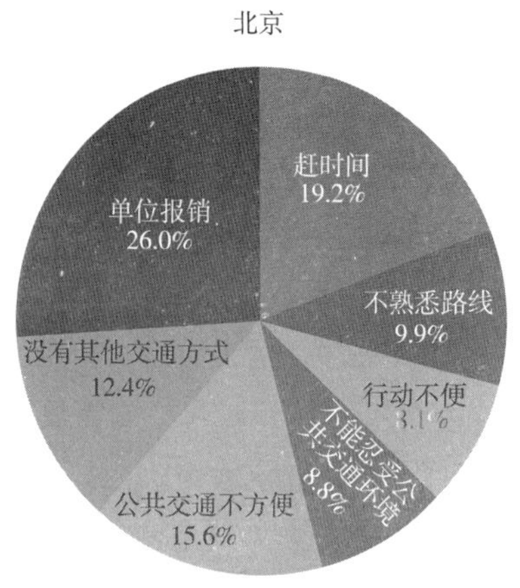

附图5　北京选择出租汽车出行原因分析

2)成都反馈情况

成都“选择出租汽车出行的原因调查”数据汇总如附图6所示。按不同人群所占的比例从高到低排序为:赶时间、不熟悉路线、因健康原因行动不便、公共交通不方便、不能忍受公共交通环境、没有其他交通方式、单位报销、其他。其中因赶时间、不熟悉路线、公共交通不方便、没有其他交通方式等原因选择乘坐出租汽车的总比例为78.4%,较所有被调研城市的平均值高约6%。说明成都市民对出租汽车的依赖程度相对中心城市平均水平较高。

3)沈阳反馈情况

沈阳“选择出租汽车出行的原因调查”数据汇总如附图7所示。按不同人群所占的比例从高到低排序为:赶时间、不熟悉路线、因健康原因行动不便、公共交通不方便、没有其他交通方式、不能忍受公共交通环境、单位报销、其他。其中,因赶时间、不熟悉路线、公共交通不方便、没有其他交通方式等原因选择乘坐出租汽车的总比例为76.3%,较所有调研城市的平均值高约4%。说明沈阳市民对出租汽车的依赖程度略高于中心城市平均水平。

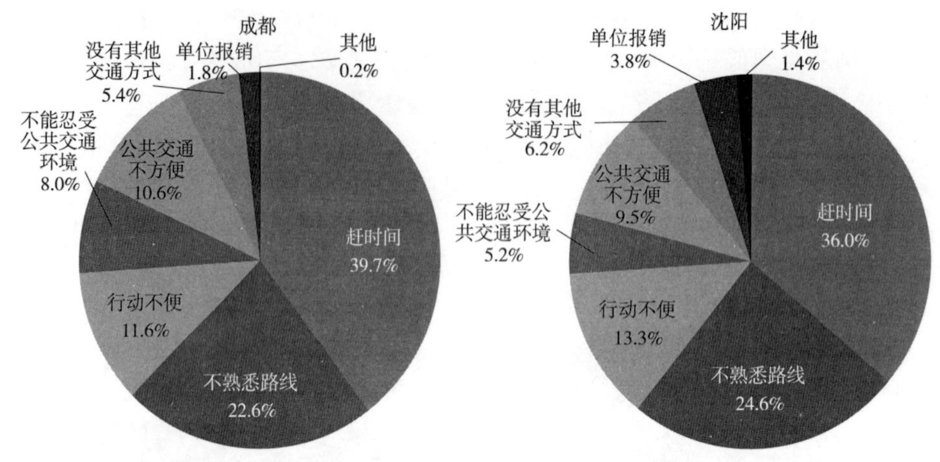

附图6 成都选择出租汽车出行原因分析　　附图7 沈阳选择出租汽车出行原因分析

(三)"影响乘客选择出租汽车的因素调查"结果分析

1. 参与调查城市总体反馈情况

参与"影响乘客选择出租汽车的因素调查"的所有城市数据汇总如附图8所示。按不同人群所占比例从高到低排序为:方便省心、效率、交通拥堵程度、价格、舒适性、便捷性、其他。其中,价格因素排名第四,比例仅占15.8%;而方便省心、效率等因素占到38.9%;交通拥堵程度的影响因素占到16.2%;舒适性和便捷性排名较后。调研结果一定程度反映了三个方面的问题:一是价格不是选择出租汽车的首先因素,出租汽车的刚性需求客观存在,价格上涨对客流影响有限;二是选择出租汽车主要是因为出租汽车比公共交通更快、"门到门"的服务方便省心。如果交通拥堵导致出租汽车比公共交通还慢,人们会放弃选择出租汽车;三是目前阶段,多数中心城市仅为了出行的舒适性选择出租汽车出行的人数比例相对较少。

2. 代表性城市反馈情况

1)北京反馈情况

北京"影响乘客选择出租汽车的因素调查"数据汇总如附图9所示。按不同人群所占比例从高到低排序为:方便省心、舒适性、价格、便捷性、交通拥堵程度、效率、其他。其中,方便省心、舒适性等因素分别排名第一、第二,比例达到53.9%,说明北京的出租汽车乘客相对高端,选择出租汽车出行的人群与出租汽车服务功能定位基本一致。而价格因素排名第三,占16.3%,原因是北京出租汽车目前的定价相对较高，因此，价格因素相对敏感，但对高端人群的出租汽车出行需求影响不大。

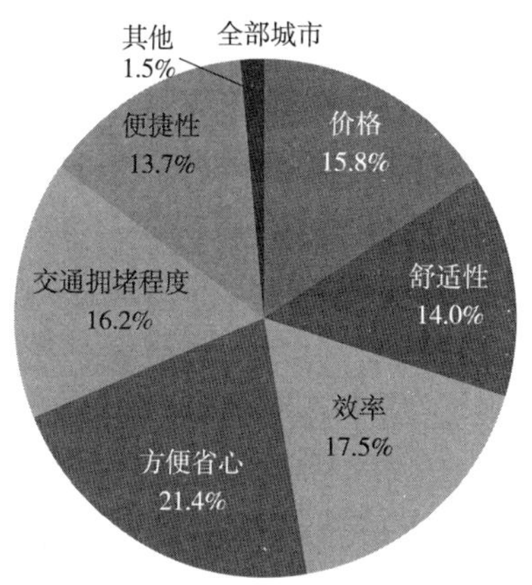

附图 8　全部城市影响乘客选择出租汽车意愿的因素分析

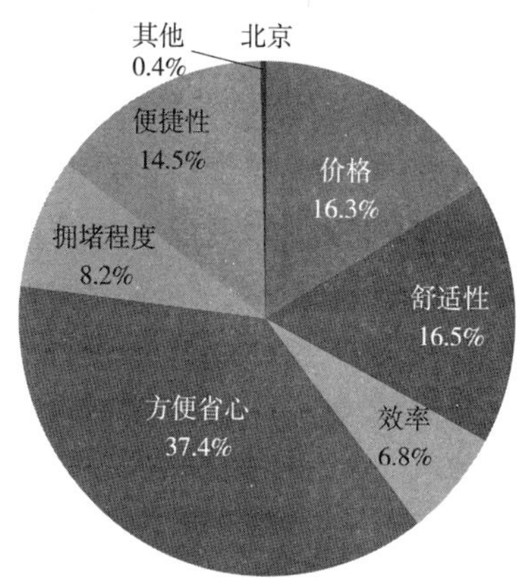

附图 9　北京影响乘客选择出租汽车的因素分析

2）沈阳反馈情况

沈阳"影响乘客选择出租汽车的因素调查"数据汇总如附图 10 所示。按不同人群所占比例从高到低排序为：效率、交通拥堵程度、价格、方便省心、便捷性、舒适性、其他。其中，效率、交通拥堵程度、方便省心等因素排名靠前，舒适性垫底。与被调研城市的情况基本一致。

（四）"可代替出租汽车出行的方式调查"结果分析

1. 参与调查城市总体反馈情况

参与"可代替出租汽车出行的方式调查"的所有城市数据汇总如附图 11 所示。按不同人群所占比例从高到低排序为：公交或地铁、私人汽车、自行车/电动车、步行。

2. 代表性反馈情况

1）北京反馈情况

北京"可代替出租汽车出行的方式调查"数据汇总如附图 12 所示。按不同人群所占比例从高到低排序为：私人汽车、公交或地铁、步行、自行车/电动车。与北京居民选择出租汽车出行的原因保持高度一致，即首选是追求舒适性，如果出租汽车不能满足出行需求，北京的出租汽车乘客群体会优选私人汽车以满足其追求舒适性的主要需求。除此之外，北京城区面积大，居民平均出行距离较长也是北京居民优先选择私人汽车而不是自行车/电动车的原因。

2)成都反馈情况

成都“代替出租汽车出行的方式调查”数据汇总如附图13所示。按不同人群所占比例从高到低排序为:公交或地铁、自行车/电动车、私人汽车、步行。与武汉、沈阳等多数被调查城市的情况一样,成都居民出租汽车出行的首选替代方式是公共交通。也就是说,如果公共交通的覆盖率和便捷性等服务水平提升后,很多出租汽车乘客会选择公共交通出行。

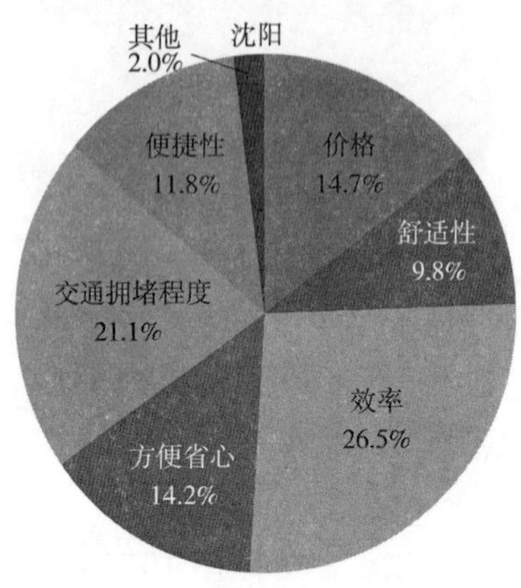

附图10 沈阳影响乘客选择出租汽车的因素分析

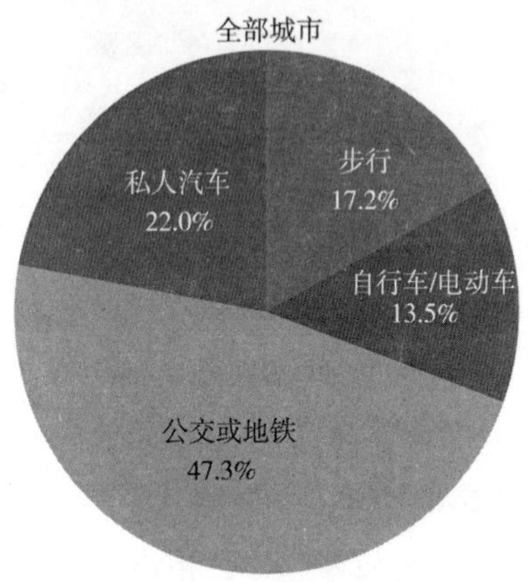

附图11 全部城市可代替出租汽车出行的方式调查分析

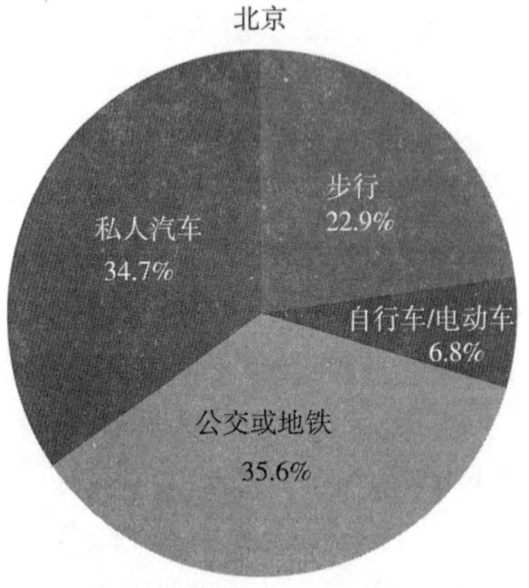

附图12 北京可代替出租汽车出行的方式调查分析

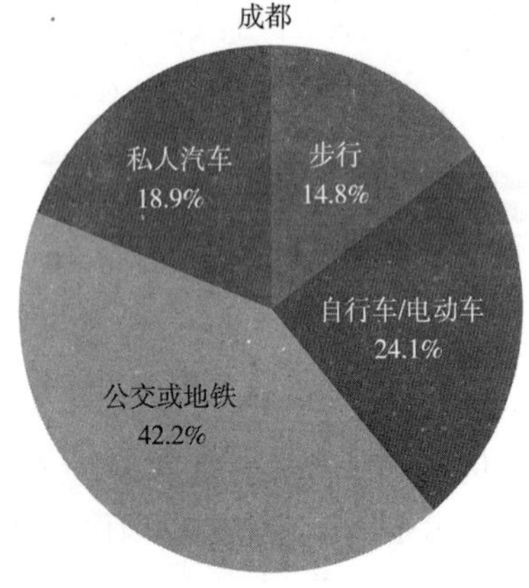

附图13 成都可代替出租汽车出行的方式调查分析

(五)“对所在城市出租汽车服务水平的评价调查”结果分析

1. 参与调查城市总体反馈情况

参与“对所在城市出租汽车服务水平的评价调查”的所有城市数据汇总如附图14所示。按不同人群所占比例从高到低排序为:满意或基本满意,打车难,票价太高,驾驶员拒载、绕道、抢客、服务态度不佳等,车辆车况、设备、卫生条件等,其他。其中,因打车难,票价太高,驾驶员拒载、绕道、抢客、服务态度不佳,车辆车况、设备、卫生条件等原因对出租汽车服务不满意的比例高达68.8%。而表示满意或基本满意的比例仅为30.1%。由此可见,被调查城市绝大多数居民对出租汽车服务质量不认同。但各个城市对服务质量不满意的主要原因存在差异性,详见以下的代表性城市反馈分析。

2. 代表性城市反馈情况

1)上海反馈情况

上海“对所在城市出租汽车服务水平的评价调查”数据汇总如附图15所示。按不同人群所占比例从高到低排序为:满意或基本满意,票价太高,打车难,驾驶员拒载、绕道、抢客、服务态度不佳等,车辆车况、设备、卫生条件等,其他。其中,表示满意或基本满意的比例为35.3%,高于被调查城市的平均水平约5个百分点,说明上海出租汽车的服务水平相对较高。在对出租汽车服务不满意的各种原因中,价格太高位列第一,而上海的出租汽车价格确实为全国最高。除此之外比例为64.3%。

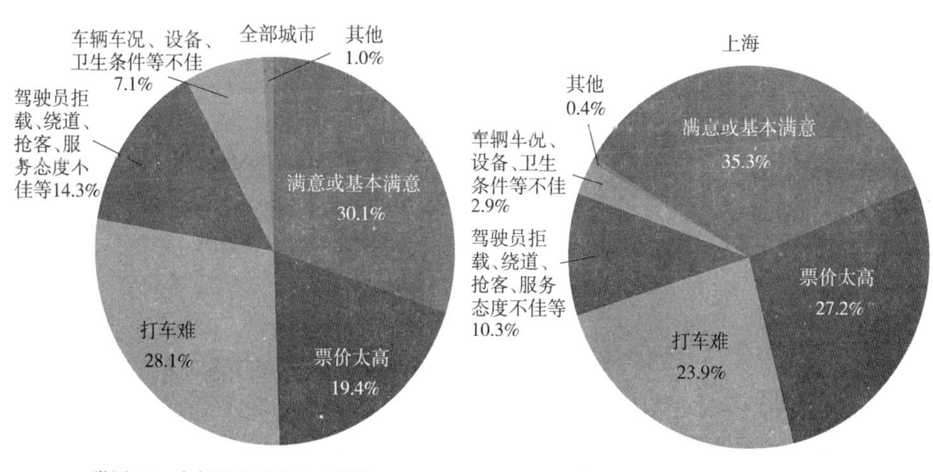

附图14　全部城市出租汽车服务水平评价调查分析

附图15　上海出租汽车服务水平评价调查分析

2)兰州反馈情况

兰州“对所在城市出租汽车服务水平的评价调查”数据汇总如附图16所示。对兰州出租汽车服务水平满意程度的分析中,满意或基本满意的乘客仅占被调研人数的2.3%,在所有被调研城市中排名最后,远远低于平均水平。最主要的问题在于打车难,驾驶员拒载、绕道、抢客、服务态度不佳和票价太高。次要问题是车辆车况、设备、卫生条件等不佳。说明兰州城市出租汽车服务水平亟待提高。

3)沈阳反馈情况

沈阳“对所在城市出租汽车服务水平的评价调查”数据汇总如附图17所示。按不同人群所占比例从高到低排序为:打车难,满意或基本满意,驾驶员拒载、绕道、抢客、服务态度不佳等,票价太高,车辆车况、设备、卫生条件等不佳,其他。其中,表示满意或基本满意的比例为32.6%,略高于被调查城市的平均水平。但在对出租汽车服务不满意的各种原因中,打车难高居榜首,比例达到33.3%。而沈阳的出租汽车千人出租汽车拥有量3.26辆,在被调研城市中,沈阳的千人出租汽车拥有量相对较高,打车难的问题不应如此突出,这从另一个侧面说明,沈阳的出租汽车打车难的问题,实质上是公共交通供给不足造成的出行难的问题。

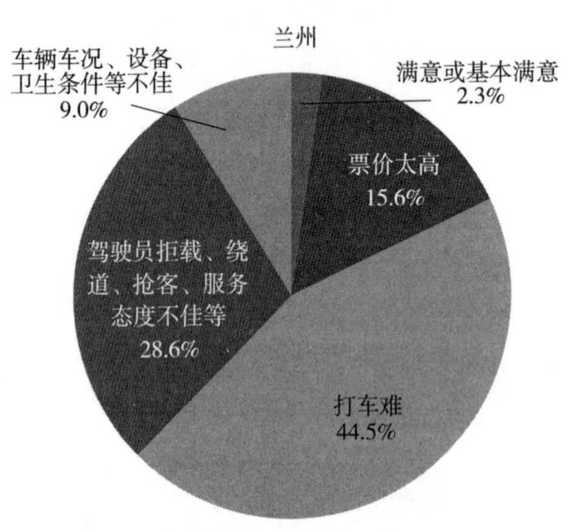

附图16 兰州出租汽车服务水平评价调查分析

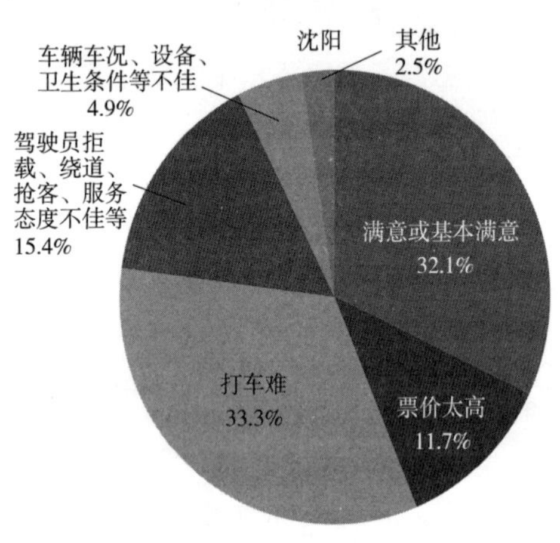

附图17 沈阳出租汽车服务水平评价调查分析

(六)“对‘黑车’的看法调查”结果分析

1. 参与调查城市总体反馈情况

“对‘黑车’的看法调查”结果分析数据如附图18所示。按不同人群所占比例从高到低排序为:从不坐“黑车”(因为“黑车”不安全),只有在没有其他出行方式可选的时候才坐“黑车”,偶尔坐“黑车”(因为比正规出租汽车更便宜),经常坐“黑车”(因为比正规出租汽车更便宜),其他。总体而言,约一半的被调查城市居民认为“黑车”不安全,但是由于各种原因坐过“黑车”的人数还是接近50%。

2. 代表性城市反馈情况

1)上海反馈情况

上海“对‘黑车’的看法调查”结果分析数据如附图19所示。按不同人群所占比例从高到低排序为:从不坐“黑车”(因为“黑车”不安全),只有在没有其他出行方式可选的时候才坐“黑车”,偶尔坐“黑车”(因为比正规出租汽车更便宜),经常坐“黑车”(因为比正规出租汽车更便宜),其他。上海居民对“黑车”的看法和使用情况与绝大多数被调研城市一致。

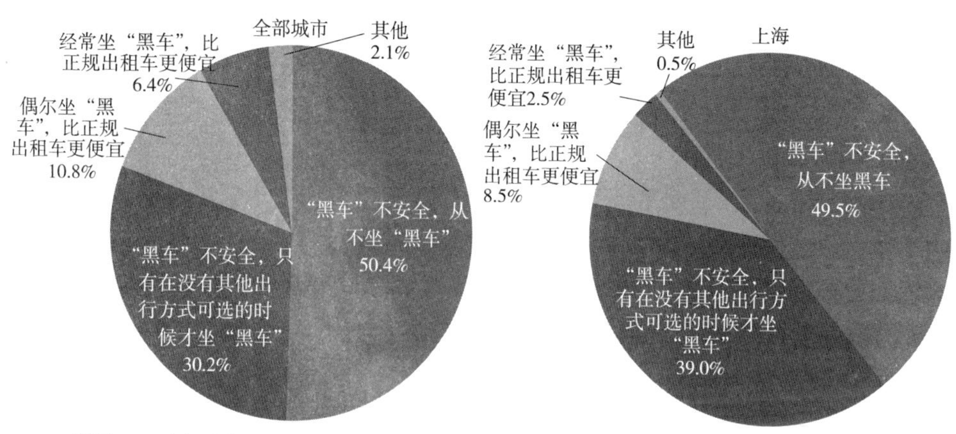

附图18 全部城市对“黑车”看法分析　　附图19 上海对“黑车”看法分析

2)兰州反馈情况

兰州“对‘黑车’的看法调查”结果分析数据如附图20所示。按不同人群所占比例从高到低排序为:只有在没有其他出行方式可选的时候才坐“黑车”,从不坐“黑车”(因为“黑车”不安全),经常坐“黑车”(因为比正规出租汽车更便宜),偶尔坐“黑车”(因为比正规出租汽车更便宜),其他。与其他被调研城市情况相比,兰州居民从不坐“黑车”的比例仅为23%,有56%的居民虽然知道“黑车”不安全,但是在没有其他出行方式可选的时候还是不得已选择坐“黑车”,这与兰州公共交通发展水平相对落后有直接关系。

(七)“增加出租汽车数量的影响调查”结果分析

1. 参与调查城市总体反馈情况

“增加出租汽车数量的影响调查”数据汇总如附图21所示。按不同人群所占比例从高到低排序为:造成拥堵,打车更方便,空载率上升,价格降低,不会有太大变化，打破垄断，服务质量下降，其他。34.1%的被调查城市居民认同增加出租汽车数量会造成交通拥堵；25%的被调查城市居民认为增加出租汽车的数量能使打车更方便，只有7.7%的被调查者认为出租汽车数量增加会影响价格。

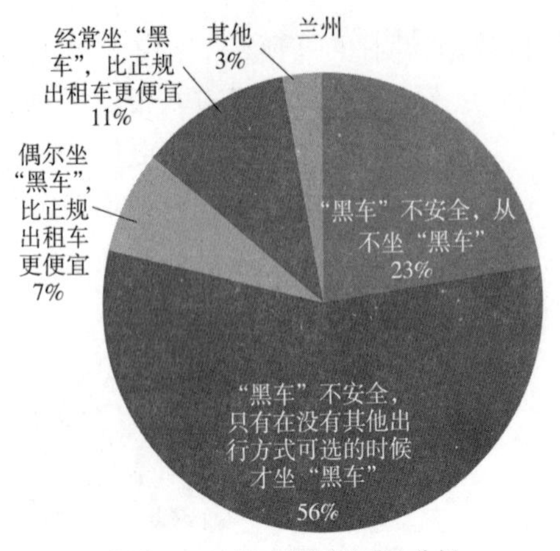

附图20 兰州对"黑车"看法分析

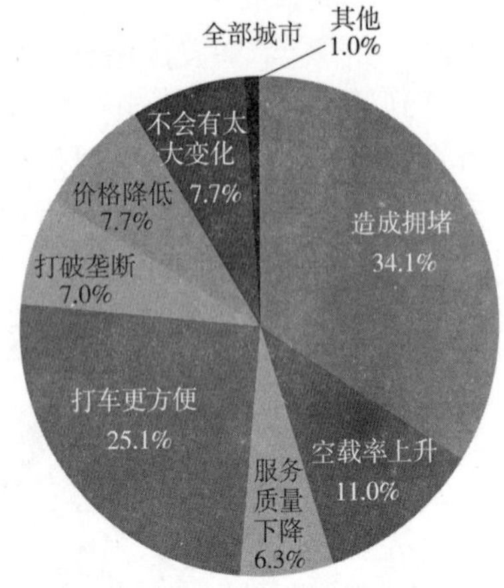

附图21 全部城市增加出租汽车数量的影响调查分析

2. 代表性城市反馈情况

1）北京反馈情况

北京"增加出租汽车数量的影响调查"数据汇总如附图22所示。按不同人群所占比例从高到低排序为：造成拥堵、打车更方便、不会有太大变化、打破垄断、价格降低、空载率上升、服务质量下降、其他。其中，有高达64.1%的被调查者认同增加出租汽车数量会造成交通拥堵，比平均水平高1倍多（平均比例为34.1%），说明北京市民对小汽车对城市交通拥堵的影响敏感度较高，认知度也较高。

2）沈阳反馈情况

沈阳"增加出租汽车数量的影响调查"数据汇总如附图23所示。按不同人群所占比例从高到低排序为：打车更方便、造成拥堵、空载率上升、打破垄断、价格降低、不会有太大变化、服务质量下降、其他。不同于其他被调查城市的是，沈阳的被调查者认为增加出租汽车数量可能产生的首要影响是打车更方便，达27.3%，这与"对所在城市出租汽车服务水平的评价调查"结果分析高度吻合，在该项调查中，沈阳的被调查者，将打车难作为城市出租汽车服务水平的首要问题，因此，被调查者认为增加出租汽车数量能够缓解打车难的问题。

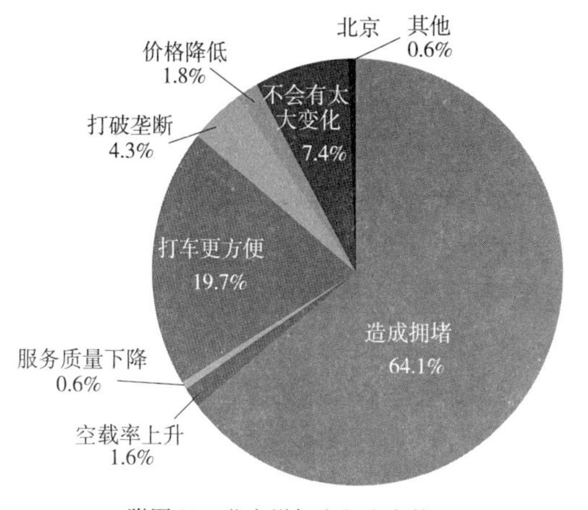

附图 22　北京增加出租汽车数量的影响调查分析

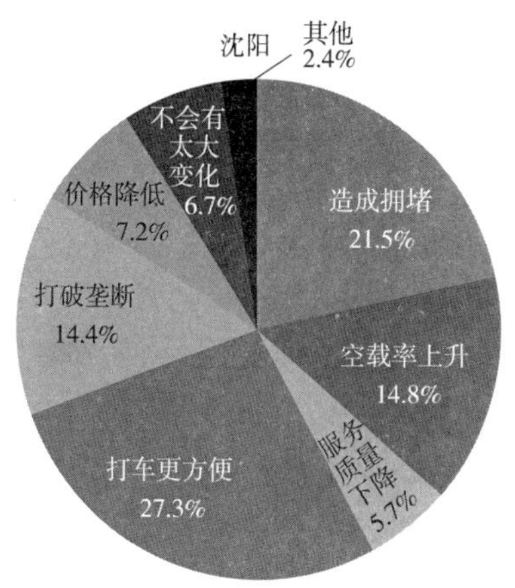

附图 23　沈阳增加出租汽车数量的影响调查分析

三、中心城市出租汽车驾驶员调研问卷分析

(一)"出租汽车驾驶员收入水平调查"结果分析

1. 参与调查城市总体反馈情况

"出租汽车驾驶员收入水平调查"结果汇总分析如附图 24 所示。按不同的人群所占比例从高到低排序为:2501 ~ 3500 元、5501 元以上、3501 ~ 4500 元、4501 ~ 5500 元、2500 元以下。被调研城市的出租汽车驾驶员的收入水平与所在城市的城镇在岗职工平均工资对比情况详见以下的代表性城市反馈情况分析。

2. 代表性城市反馈情况

1)上海反馈情况

上海"出租汽车驾驶员收入水平调查"结果汇总分析如附图 25 所示。按不同的人群所占比例从高到低排序为:5501 元以上、4501 ~ 5500 元、3501 ~ 4500 元、2501 ~ 3500 元。以上海 2013 年社会平均工资 5036 元为比较,上海出租汽车驾驶员中,有 46. 5% 的人群月平均收入水平高于社会平均工资的 10% 以上,有 36. 4% 的人群月平均收入水平与社会平均工资相当,有 17. 2% 的人群月平均收入水平低于社会平均工资。上海出租汽车驾驶员收入水平总体高于社会平均收入水平。

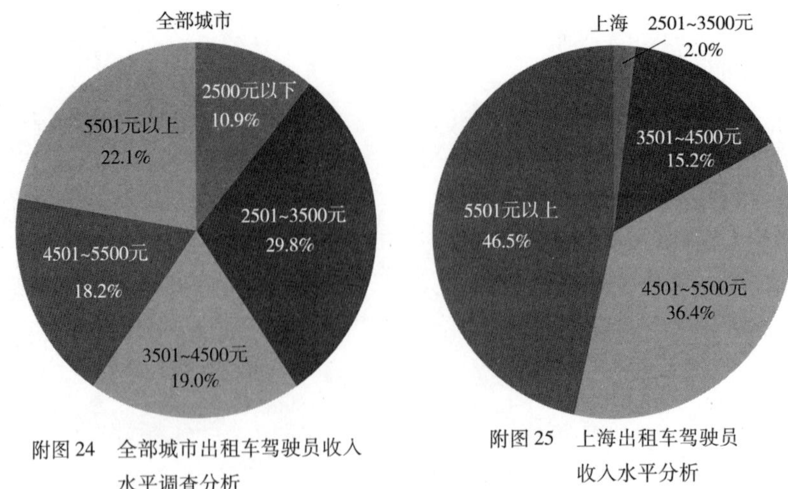

附图 24　全部城市出租车驾驶员收入水平调查分析

附图 25　上海出租车驾驶员收入水平分析

2)青岛反馈情况

青岛"出租汽车驾驶员收入水平调查"结果汇总分析如附图 26 所示。按不同的人群所占比例从高到低排序为:2501 ~ 3500 元、2500 元以下、3501 ~ 4500 元、4501 ~ 5500 元。以青岛 2013 年社会平均月收入水平 3557 元为比较,青岛出租汽车驾驶员中,有约 20% 以上的人群月平均收入水平高于社会平均工资的 10% 以上,有约 50% 的人群月平均收入水平与社会平均工资相当,有超过 22% 以上的人群低于社会平均工资。青岛的出租汽车驾驶员收入水平低于上海。

(二)"出租汽车驾驶员每月平均工作时间调查"结果分析

1. 参与调查城市总体反馈情况

"出租汽车驾驶员每月平均工作时间调查"数据汇总分析如附图 27 所示。按不同的人群所占比例从高到低排序为:平均每月 28 ~ 29 天、平均每月 26 ~ 28 天、平均每月 26 天以下、平均每月 29 天以上。被调研对象平均工作时间超过 28 天以上的达 55.6% ,超过 26 天以上的达 83.8% 。工作时间普遍较长。

2. 代表性城市反馈情况

1)上海反馈情况

上海"出租汽车驾驶员每月平均工作时间调查"数据汇总分析如附图 28 所示。按不同的人群所占比例从高到低排序为:平均每月 28 ~ 29 天、平均每月 29 天以上、平均每月 26 ~ 28 天。被调研对象平均工作时间超过 28 天以上的达 82. 2% ,所有被调研对象的工作时间均超过 26 天以上,远高于被调研城市的平均水平。结合收入水平调研结果分析，上海出租汽车驾驶员相对的高收入水平，很大因素是通过超长的工作时间换取的。

2）青岛反馈情况

青岛"出租汽车驾驶员每月平均工作时间调查"数据汇总分析如附图29所示。按不同的人群所占比例从高到低排序为：平均每月28～29天、平均每月29天以上、平均每月26天以下、平均每月26～28天。被调研对象平均工作时间超过28天以上的达67.1%，82.9%的被调研对象的工作时间均超过26天以上，处于被调研城市的平均水平。

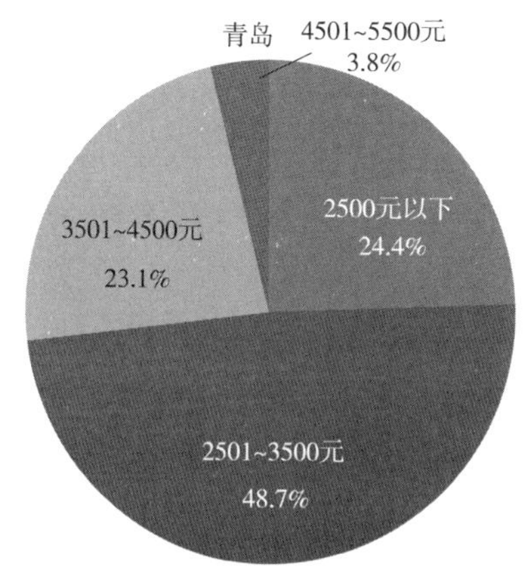

附图26　青岛出租车驾驶员收入水平调查分析

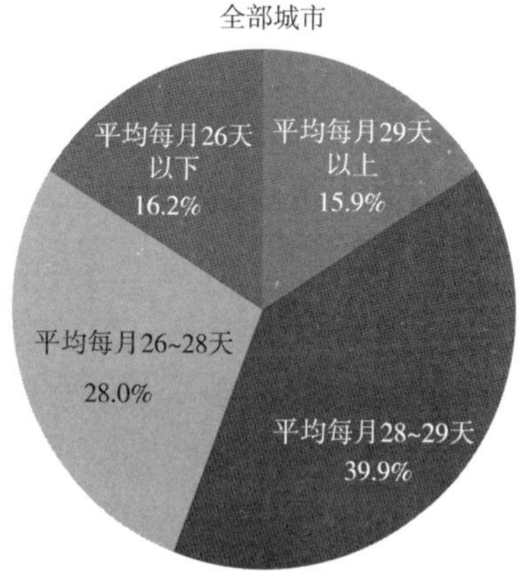

附图27　全部城市出租汽车驾驶员每月平均工作时间调查分析

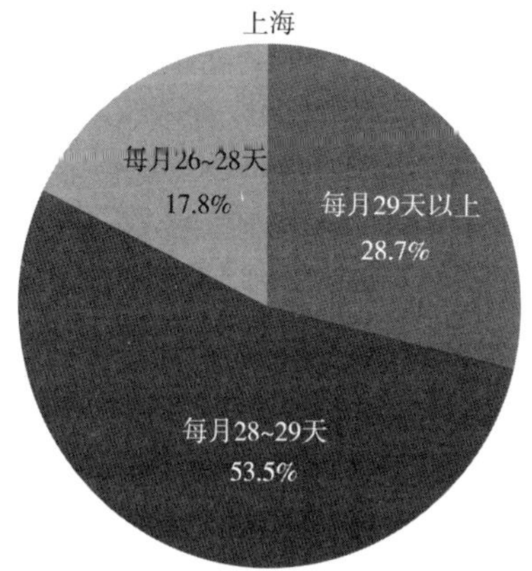

附图28　上海出租汽车驾驶员每月平均工作时间调查分析

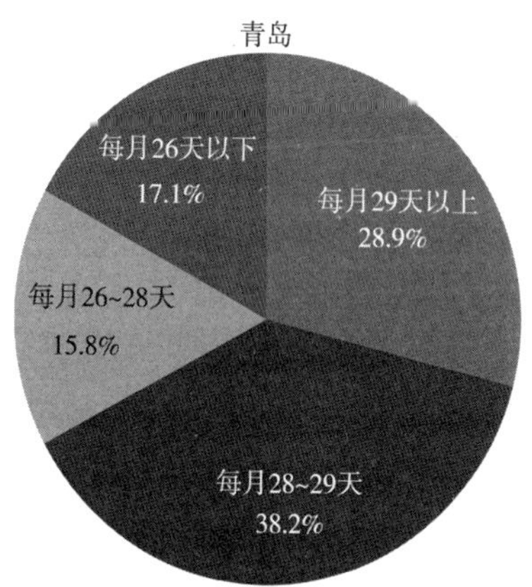

附图29　青岛出租汽车驾驶员每月平均工作时间调查分析

(三)"出租汽车驾驶员每天平均工作时间调查"结果分析

1. 参与调查城市总体反馈情况

"出租汽车驾驶员每天平均工作时间调查"数据汇总分析如附图 30 所示。不同的人群所占比例从高到低排序为:每天工作 10 ~ 12h、每天工作 8 ~ 10h、每天工作 12h 以上、每天工作 8h 以下。其中,每天工作超过 10h 以上的比例达 69. 9%,97. 5% 的被调查者工作时间超过 8h。

2. 代表性城市反馈情况

1)上海反馈情况

上海"出租汽车驾驶员每天平均工作时间调查"数据汇总分析如附图 31 所示。不同的人群所占比例从高到低排序为:每天工作 10 ~ 12h、每天工作 8 ~ 10h、每天工作 12h 以上。其中,每天工作超过 10h 以上的比例达 76. 3%,100% 的被调查者工作时间超过 8h,均超过被调研城市的平均水平。结合每月平均工作时间的调研结果分析,上海出租汽车驾驶员的劳动强度明显高于其他被调研城市。

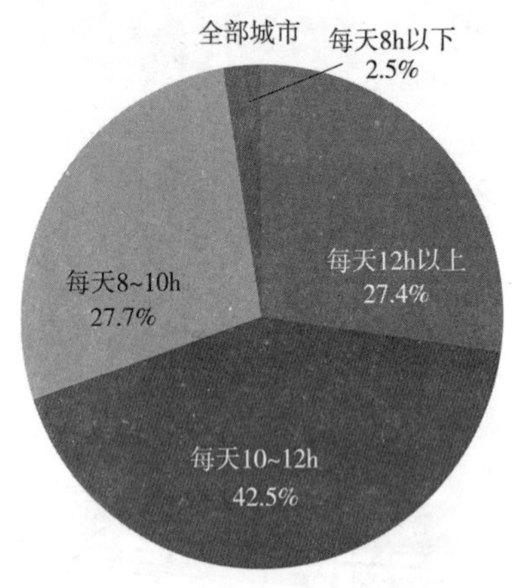

附图 30 全部城市出租汽车驾驶员每天平均工作时间调查分析

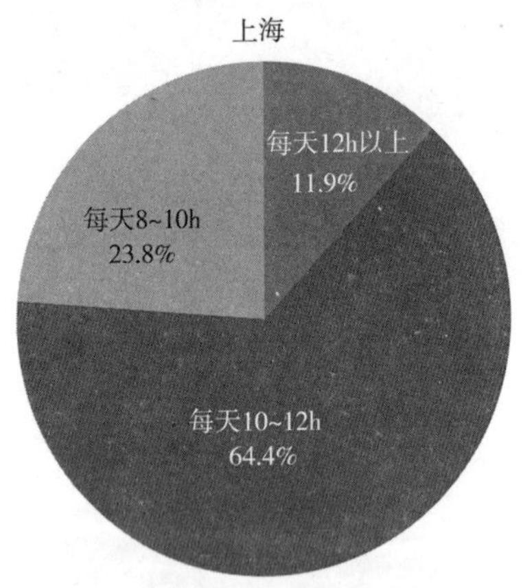

附图 31 上海出租汽车驾驶员每天平均工作时间调查分析

2)青岛反馈情况

青岛"出租汽车驾驶员每天平均工作时间调查"数据汇总分析如附图 32 所示。不同的人群所占比例从高到低排序为:每天工作 10 ~ 12h、每天工作 8 ~ 10h、每天工作 12h 以上、每天工作 8h 以下。其中,每天工作超过 10h 以上的比例为 52. 4%,84. 1% 的被调查者工作时间超过 8h,略低于被调研城市的平均水平。结合每月平均工作时间的调研结果分析,青岛市出租汽车驾驶员的劳动强度略低于其他被调研城市。

(四)"出租汽车驾驶员期望的收入水平调查"结果分析

1. 参与调查城市总体反馈情况

"出租汽车驾驶员期望的收入水平调查"数据汇总分析如附图33所示。不同的人群所占比例从高到低排序为:对现状基本满意、希望上涨10%~15%、希望上涨15%~25%、希望上涨25%~35%、希望上涨35%以上、对现状很满意。其中,对现状很满意的比例仅为2.6%,对现状基本满意的为35.7%,有30.3%的被调查者希望收入能够上涨10%~15%;有22.1%的被调查者希望收入上涨超过15%。

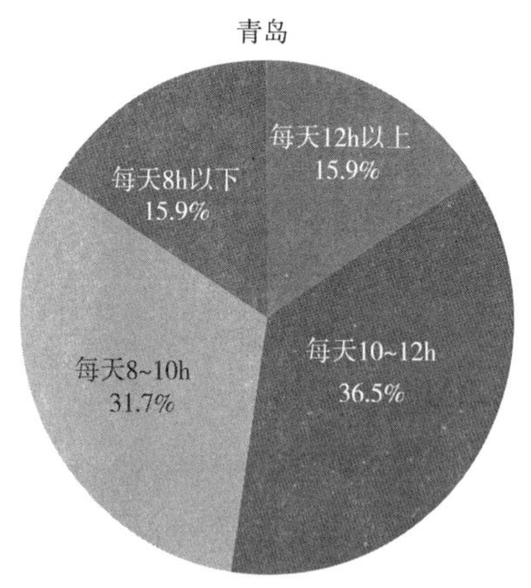

附图32　青岛出租汽车驾驶员每天平均工作时间调查分析

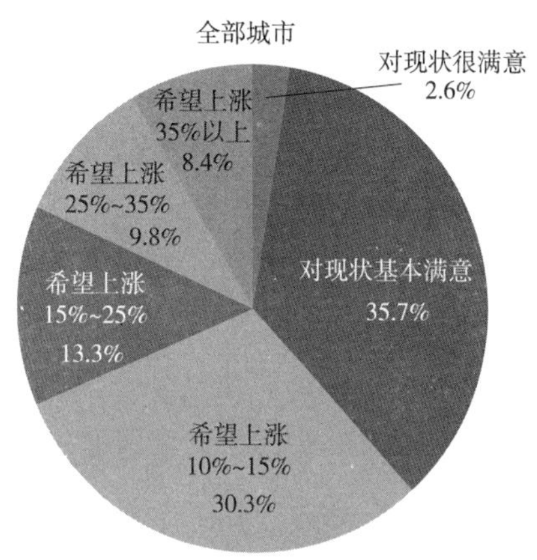

附图33　全部城市出租汽车驾驶员期望收入水平调查分析

2. 代表性城市反馈情况

1)上海反馈情况

上海"出租汽车驾驶员期望的收入水平调查"数据汇总分析如附图34所示。不同的人群所占比例从高到低排序为:希望上涨10%~15%、对现状基本满意、对现状很满意、希望上涨25%~35%。调查显示上海的出租汽车驾驶员有48.5%对收入现状满意或基本满意,远高于被调查城市的平均水平,其余的被调查者对收入上涨的预期也相对较低,绝大多数的被调查者希望工资上涨的幅度在10%~25%之间。这与上海出租汽车驾驶员的收入水平相对较高完全吻合。

2)青岛反馈情况

青岛"出租汽车驾驶员期望的收入水平调查"数据汇总分析如附图35所示。不同的人群所占比例从高到低排序为:希望上涨10%~15%、希望上涨25%~35%、对现状基本满意、希望上涨35%以上、希望上涨15%~25%对现状很满意。

其中,对现状满意或基本满意的比例仅为26.9%,希望收入上涨25%以上的被调查者比例高达40%,这与青岛的出租汽车驾驶员收入相对较低的调查结果完全吻合。

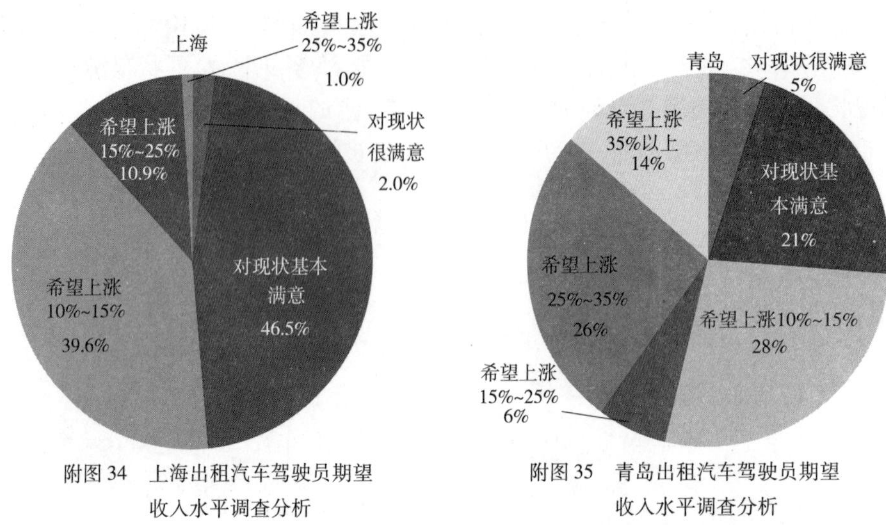

附图34　上海出租汽车驾驶员期望收入水平调查分析

附图35　青岛出租汽车驾驶员期望收入水平调查分析

(五)“出租汽车驾驶员面临的主要问题调查”结果分析

1. 参与调查城市总体反馈情况

全部城市“出租汽车驾驶员面临的主要问题调查”数据汇总分析如附图36所示。不同的人群从高到低的排序为:工作强度太大、没有社会保险保障、工资太低、其他。调研结果显示,目前中心城市出租汽车驾驶员感觉问题最突出的是工作强度太大,比例高达59.3%。其次是社会保险保障问题,占到21.2%。某种程度上,工作强度大是由社会保险保障问题引发,社会保险保障缺失一定程度促使出租汽车驾驶员通过超强劳动获得更高收入以弥补社会保险保障缺失带来的风险。

2. 代表性城市反馈情况

1)上海反馈情况

上海“出租汽车驾驶员面临的主要问题调查”数据汇总分析如附图37所示。有99.0%的出租汽车驾驶员认为他们面临的主要问题是工作强度太大,有1.0%的出租汽车驾驶员认为他们工资太低。由于上海的出租汽车驾驶员普遍缴有五险一金,所以被调查者中无一人将“没有社会保险保障”作为职业生涯中的突出问题。上海的出租汽车驾驶员反映工作强度大,与上海出租汽车驾驶员每月及每日工作时间调查分析结果也完全吻合。

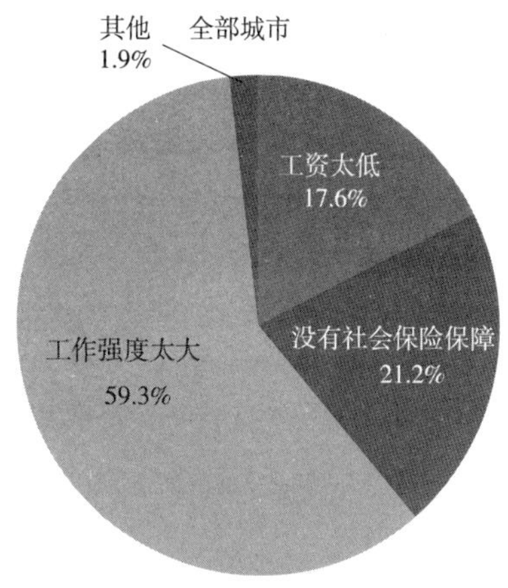

附图 36　全部城市出租汽车驾驶员面临的主要问题调查分析

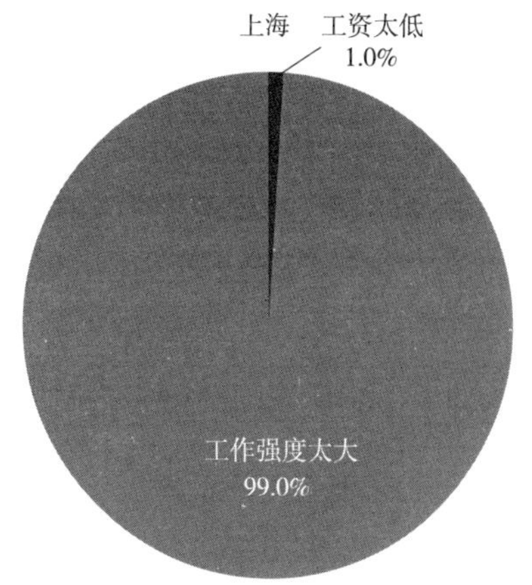

附图 37　上海出租汽车驾驶员面临的主要问题调查分析

2）兰州反馈情况

兰州"出租汽车驾驶员面临的主要问题调查"数据汇总分析如附图 38 所示。其中，工作强度太大、没有社会保险保障并列第一，各为 41%，是兰州出租汽车驾驶员面临的主要问题。这与兰州目前出租汽车以个体经营模式为主、社会保险保障不健全的现状基本吻合。

（六）"影响出租汽车驾驶员收入的主要原因调查"结果分析

1. 参与调查城市总体反馈情况

参与"影响出租汽车驾驶员收入的主要原因调查"的全部城市的数据汇总分析如附图 39 所示。不同人群所占的比例按从高到低排序为：交通太拥堵、"黑车"太多、油价上涨太快、承包金（份子钱）太高，票价（公交）太低，其他。其中认为交通太拥堵的人群比例高达 43.4%。其次才是"黑车"太多。由此可见，交通拥堵对出租汽车运行效率的影响非常大。承包金（份子钱）太高及票价太低垫底，说明承包金与票价均不是影响驾驶员收入的首要因素。

2. 代表性城市反馈情况

1）上海反馈情况

上海"影响出租汽车驾驶员收入的主要原因调查"数据汇总分析如附图 40 所示。不同人群所占的比例按从高到低排序为：交通太拥堵、油价上涨太快、"黑车"太多、承包金（份子钱）太高，票价太低。调查结果显示，出租汽车驾驶员普遍认为上海交通太拥堵是影响收入的首要原因。但与多数被调查城市不同，上海将油价上涨作为影响出租汽车收入的第二大原因,“黑车”太多位列第三,说明上海黑车治理相对严格,对出租汽车驾驶员影响相对较少。

2)兰州反馈情况

兰州“影响出租汽车驾驶员收入的主要原因调查”数据汇总分析如附图41所示。不同人群所占的比例按从高到低排序为:交通太拥堵、“黑车”太多、承包金(份子钱)太高,油价上涨太快、票价太低。兰州与上海不同,认为“黑车”太多、承包金(份子钱)太高的人群比例相对较高。

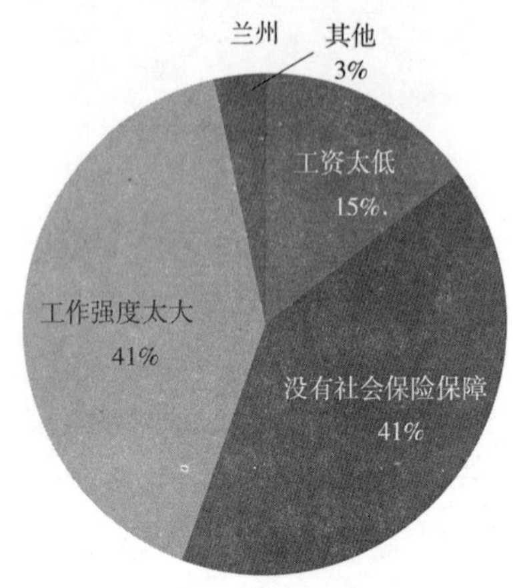

附图38 兰州出租汽车驾驶员面临的主要问题调查分析

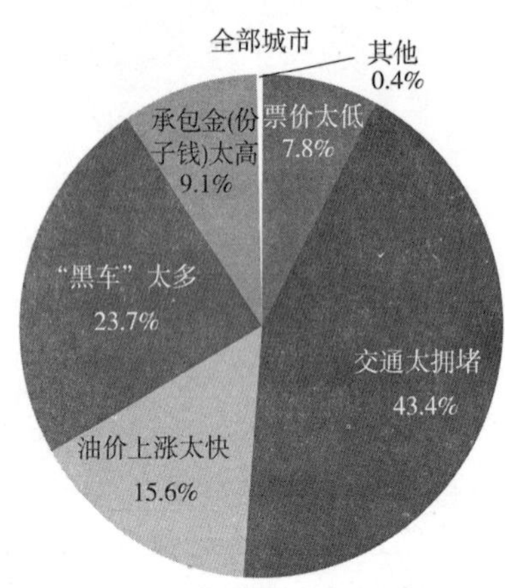

附图39 全部城市出租汽车驾驶员收入影响因素分析

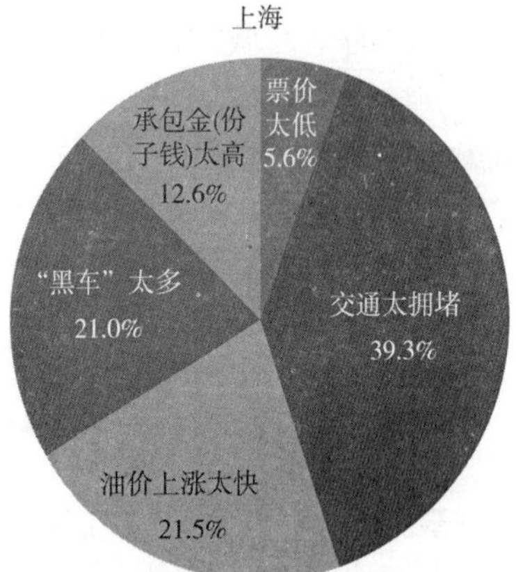

附图40 上海出租汽车驾驶员收入影响因素分析

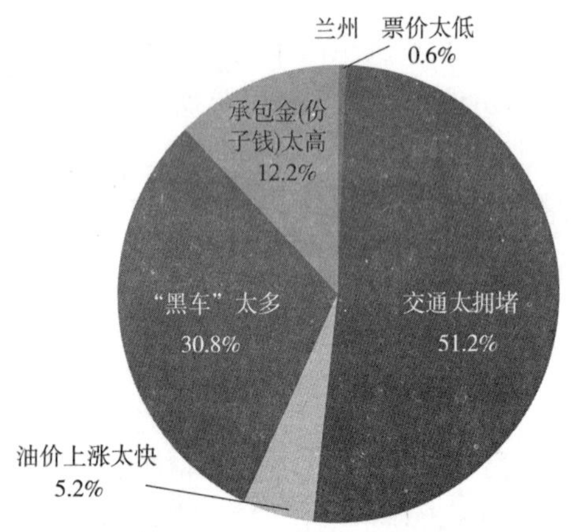

附图41 兰州出租汽车驾驶员收入影响因素分析

（七）“出租汽车驾驶员认为打车难的主要原因调查”结果分析

1. 参与调查城市总体反馈情况

参与“出租汽车驾驶员认为打车难的主要原因调查”的所有城市的数据汇总分析如附图42所示。不同人群按所占比例从高到低排序为：高峰拥堵时出租汽车不愿意出车、公共交通不方便或票价太高、票价太低、出租汽车太少。其中，“高峰拥堵时出租汽车不愿意出车”位列第一（人群比例为56%），与“影响出租汽车驾驶员收入的主要原因调查”结果具有高度的一致性；而“公共交通不方便或票价太高”位居第二（人群比例为24.6%），说明相当一部分出租汽车驾驶员认同“打车难”实质是因为公共交通基本服务水平不高造成的。除此之外，调查显示“票价太低”（人群比例为14.2%）也是“打车难”的重要原因之一。

2. 代表性城市反馈情况

1）上海反馈情况

上海“出租汽车驾驶员认为打车难的主要原因调查”数据汇总分析如附图43所示。不同人群按所占比例从高到低排序为：高峰拥堵时出租汽车不愿意出车（所占比例为60.3%）、公共交通不方便或票价太高（所占比例为21.2%）、票价太低（所占比例为18.3%），与大多数被调研城市情况基本一致。

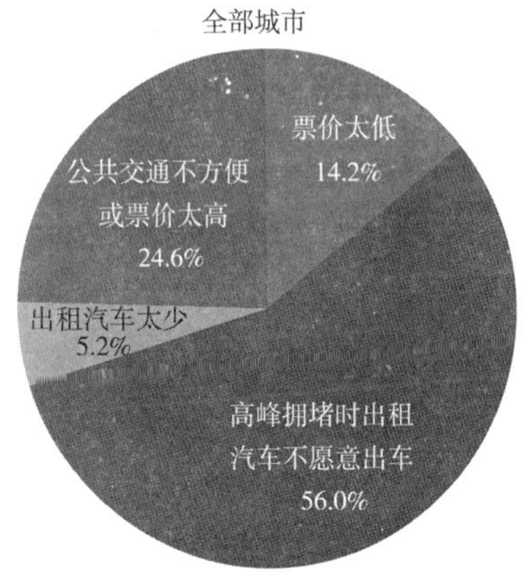

附图42　全部城市出租汽车驾驶员认为打车难的原因分析

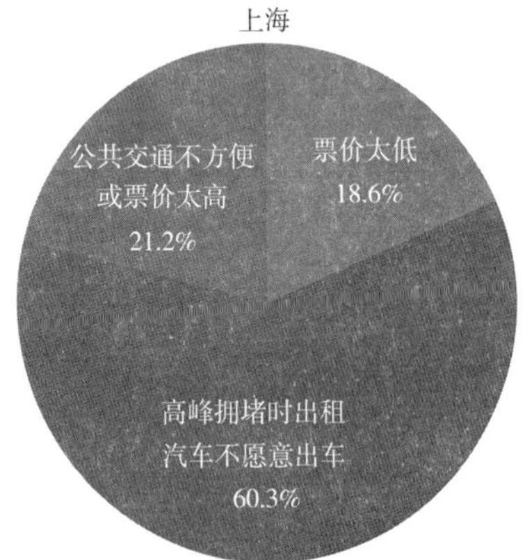

附图43　上海出租汽车驾驶员认为打车难的原因分析

2）兰州反馈情况

兰州“出租汽车驾驶员认为打车难的主要原因调查”数据汇总分析如附图44所示。不同人群按所占比例从高到低排序为：高峰拥堵时出租汽车不愿意出车、公共交通不方便或票价太高、票价太低、出租车太少，与大多数被调研城市情况基本一致。

3)青岛反馈情况

青岛“出租汽车驾驶员认为打车难的主要原因调查”数据汇总分析如附图45所示。不同人群按所占比例从高到低排序为：高峰拥堵时出租汽车不愿意出车、票价太低、出租汽车太少、公共交通不方便或票价太高。青岛与其他被调研城市不同的是，有31%的被调研者认为，出租汽车“票价太低”是“打车难”的重要原因。

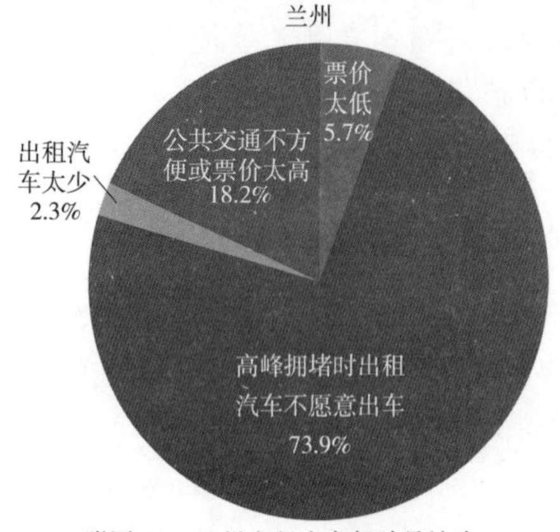

附图44 兰州出租汽车驾驶员认为打车难的原因分析

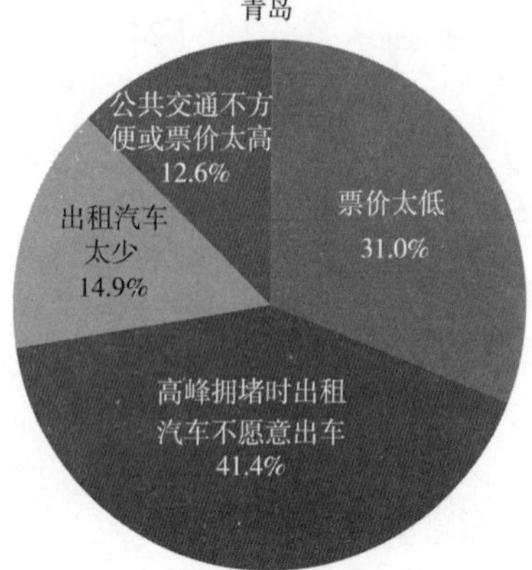

附图45 青岛出租汽车驾驶员认为打车难的原因分析

参 考 文 献

[1] 中华人民共和国交通运输部. 中国城市客运发展报告(2012)[R]. 北京:人民交通出版社,2013.

[2] 中华人民共和国交通运输部. 中国城市客运发展报告(2013)[R]. 北京:人民交通出版社股份有限公司,2014.

[3] 交通运输部道路运输司. 中国出租汽车发展问题理论研究[M]. 北京:人民交通出版社,2013.

[4] 王军. 为竞争而管制[M]. 北京:中国物资出版社,2009.

[5] B·盖伊·彼得斯. 政府未来的治理模式[M]. 北京:中国人民大学出版社,2013.

[6] 格雷厄姆·郝吉思. 出租车! 纽约出租车司机社会史[M]. 北京:商务印书馆,2010.

[7] OCED. Taxi Services:Competition and Regulation 2007[EB/OL]. [2014-4-12]. http://www. oecd. org/regreform/sectors/41472612. pdf.

[8] OCED. (De)regulation of the Taxi Industry[EB/OL]. [2014-4-15]. http://internationaltransportforum. org/pub/pdf/07RT133. pdf.

[9] Transport For LONDON. travel – in – london – 5[EB/OL]. http://tfl. gov. uk/corporate/publications – and – reports/travel – in – london – reports.

[10] Singapore Land Transport Authority. Taxis and the LTA[EB/OL]. http://www. lta. gov. sg/content/ltaweb/en/public – transport/taxis/taxis – and – the – lta. html.

[11] NYC Taxi & Limousine Commission. Rules and Local Laws[EB/OL]. http://www. nyc. gov/html/tlc/html/rules/rules. shtml.

[12] 黄少卿. 专车兴起背景下出租车监管改革的思路与建议[EB/OL]. [2015-06-23]. http://news. 163. com/15/0623/11/ASPSG09600014AED. html.

[13] 杨楠. 新公共管理视角下的政府管理模式创新[J/OL]. 人民论坛,2012,5[2012-02-15]. http://paper. people. com. cn/rmlt/html/2012 – 02/15/content_1018499. htm? div = –1.

[14] 北京交通发展研究中心. 打车软件使出租车空驶率下降1%[EB/OL]. [2015-1-20]. http://www. 289. com/anews/101018/.

结　束　语

出租汽车是公认的世界性难题，出租汽车政府治理没有完美的模式可套用，在管制尺度控制上也无标准答案可寻。本书仅是对出租汽车发展趋势与行业治理方式转变的初步探索，相关结论也有待城市的实践应用与检验。在政府管制的总基调下，各国城市出租汽车行业普遍是在强化管制和放松管制的政策调控通道内发展，国际、国家和城市自身发展的各种环境变化因素（包括经济形势、政治选举、科技进步等）都会影响到一定时期城市出租汽车政府管制的强弱程度，调整的周期和力度没有清晰的规律可循。同一种管理模式，在不同国家、不同城市可能产生完全不同的管制效果。我国国情复杂，城市众多且发展阶段各异，各个城市出租汽车的管理模式与发展政策的选择，不仅与出租汽车发展历史沿革有着重大关联，同时也与城市规模、社会经济发展水平、城市交通政策、公共交通基本服务能力密切相关。国家法规与行业政策不宜过细，以免制约地方政府的大胆创新甚至误导行业发展。出租汽车应坚定不移地坚持属地管理原则，中心城市出租汽车改革的关键不是方案的选择，而是城市领导者是否具有高度的使命感、过人的胆识以及高超的政治智慧！